Breidert/Schittenhelm

**Formeln, Tabellen und Diagramme
für die Kälteanlagentechnik**

Hans-Joachim Breidert / Dietmar Schittenhelm

Formeln, Tabellen und Diagramme für die Kälteanlagentechnik

4., überarbeitete und erweiterte Auflage

 C. F. Müller Verlag, Heidelberg

Autor und Verlag haben alle Texte und Abbildungen mit großer Sorgfalt erarbeitet. Dennoch können Fehler nicht ausgeschlossen werden. Deshalb übernehmen weder der Autor noch der Verlag irgendwelche Garantien für die in diesem Buch gegebenen Informationen. In keinem Fall haften Autoren oder Verlag für irgendwelche direkten oder indirekten Schäden, die aus der Anwendung dieser Informationen folgen.

Dieses Werk einschließlich aller seiner Teile ist urheberrechtlich geschützt. Jede Verwertung außerhalb der engen Grenzen des Urheberrechtsgesetzes ist ohne Zustimmung des Verlags unzulässig und strafbar. Das gilt insbesondere für die Vervielfältigung, Übersetzungen, Mikroverfilmungen und die Einspeicherung und Verarbeitung in elektronischen Systemen.

ISBN 978-3-7880-7810-2

© 2007 C.F. Müller Verlag, Hüthig GmbH & Co. KG, Heidelberg
Satz: DREI-SATZ, Husby
Druck und Verarbeitung: Himmer AG, Augsburg
Gedruckt auf chlorfrei gebleichtem Papier
Printed in Germany

Vorwort

Das Interesse an unserer Formelsammlung ist nach wie vor ungebrochen. Dafür ein herzliches „Danke schön" an alle unsere Leser.

Die Formelsammlung wurde von uns für die vierte Auflage erneut gründlich überarbeitet und erweitert.

Der kältetechnische Teil enthält nach erfolgter Neuordnung nun ein Kapitel „Tipps für Praktiker", in welchem ich interessante und wichtige Planungsdaten übersichtlich zusammengestellt habe.

Das Kapitel „Kältemittel" enthält neben den aktuellen *log p,h*-Diagrammen jetzt auch Dampfdrucktafeln. Die „Kälteträger" sind um das Ethylenglykol ergänzt. Im elektrotechnischen Teil ist die Kennzeichnung der Betriebsmittel nach der DIN EN 61346 aktualisiert worden.

Dieblich, April 2007
Rödermark-Urberach, April 2007

HANS-JOACHIM BREIDERT
DIETMAR SCHITTENHELM

Inhaltsverzeichnis

1	**Allgemeiner Teil**	1
1.1	Formelzeichen und Einheiten	1
1.2	Griechisches Alphabet	2
1.3	Dezimale Teile und Vielfache der SI-Einheiten	3
1.4	Umrechungstabellen	3
2	**Begriffe, Definitionen, Postulate, Hauptsätze**	7
2.1	System	7
2.1.1	Geschlossenes System	7
2.1.2	Offenes System	7
2.1.3	Abgeschlossenes System	7
2.1.4	Adiabates System	7
2.2	Zustandsgrößen, Zustandsänderungen	7
2.3	Prozess, Prozessgrößen	7
2.4	Erster Hauptsatz der Thermodynamik	8
2.5	Arbeit	8
2.6	Thermische Energie	8
2.6.1	Innere Energie	8
2.6.2	Wärme	8
2.6.3	Erstes Gleichgewichtspostulat	9
2.6.4	Zweites Gleichgewichtspostulat	9
2.7	Zweiter Hauptsatz der Thermodynamik	9
3	**Wärmeübertragung**	10
3.1	Wärmeübergang	10
3.2	Wärmeleitung	11
3.3	Wärmedurchgang	11
3.4	Temperaturen an den Grenzflächen beim Wärmedurchgang durch eine mehrschichtige Wand	13
4	**Wärmetauscher**	14
4.1	Gleichstromwärmetauscher	14
4.2	Gegenstromwärmetauscher	15
4.3	Mittlere logarithmische Temperaturdifferenz	15
4.4	Kreuzstromwärmetauscher	16
5	**Der Arbeitsprozess zur Kälteerzeugung im T,s-Diagramm und im log p,h-Diagramm**	17
5.1	Der Carnotsche Kreisprozess als idealer Vergleichsprozess im T,s-Diagramm	17
5.2	Der theoretische Vergleichsprozess im T,s-Diagramm	18
5.3	Der praktische Vergleichsprozess im T,s-Diagramm	19
5.4	Darstellung des theoretischen und des praktischen Vergleichsprozesses im log p,h-Diagramm	19
6	**Formeln aus der Kältetechnik**	21
6.1	p,V-Diagramm des praktischen einstufigen Verdichters	21
6.2	Liefergrad und indizierter Wirkungsgrad	22
6.3	Zweistufige Verdichtung mit Flüssigkeitsunterkühlung	28

7	**Tabellen zur Berechnung des Kältebedarfs**	32
7.1	Wärmeleitkoeffizient λ verschiedener Baustoffe	32
7.2	Klimatische Werte, Raumklima, Industrieanlagen	34
7.3	Spezifische Wärmekapazität verschiedener Flüssigkeiten	36
7.4	Lagerung von Kühlgut	37
8	**Formeln aus der Projektierung**	48
8.1	k-Wert Berechnung	48
8.2	Wärmeströmung, Kühlgutwärmestrom, Atmungswärmestrom, Wärmestrom durch Lufterneuerung, Personenwärmestrom, Beleuchtungswärmestrom, Wärmestrom durch Verdampferventilatormotor, Abtauheizung, Gabelstapler, Arbeitsmaschinen und geöffnete Türen, Gesamtwärmestrom	50
9	**Der luftgekühlte Verflüssiger**	58
9.1	Korrekturfaktoren für luftgekühlte Verflüssiger zur Bestimmung der Verflüssiger Nennleistung	59
9.2	Schalldruckpegeländerung	60
9.3	Wandabstand für luftgekühlte Verflüssiger in vertikaler Aufstellung	61
10	**Der wassergekühlte Verflüssiger**	62
11	**Bemessung kältemittelführender Rohrleitungen und Bauteile**	65
11.1	Formeln zur Rohrleitungsdimensionierung	65
11.2	Ermittlung der Druckdifferenz am Expansionsventil	67
11.3	Auslegung von Armaturen nach dem k_V-Wert	68
11.4	Tabellen und Nomogramme zur Rohrleitungsbemessung	69
12	**Maschinenraumlüftung**	92
13	**Tipps für Praktiker**	93
13.1	Empfehlungen zur Thermostatanordnung am Verdampfer	93
13.2	Empfehlung zur Festlegung von Abtauzeiten: Thermostateinstellung	93
13.3	Kühlstellenregler Kübatron	94
13.4	Richtwertezusammenstellung zur Berechnung des Kältebedarfs	95
13.5	Richtkälteleistungen	97
13.6	Ermittlung der Druckdifferenz am Expansionsventil	97
13.7	Ermittlung der Verflüssigungsleistung $\dot{Q}_c$ (überschlägig), luftgekühlter Verflüssiger	98
13.8	Immissionsrichtwerte für Immisionsorte außerhalb von Gebäuden	98
13.9	Ermittlung der Verflüssigungstemperatur von luftgekühlten Verflüssigungssätzen	99
13.10	Mollier-h, x-Diagramm für feuchte Luft	100
13.11	Psychrometer Tafel	101
13.12	Berechnung der Leuchtenanzahl z.B. für Kühlhäuser, Kühlräume, Arbeitsräume	102
13.13	Abkühlkurve Tiefkühlraum	103
14	**Kältemittel**	104
14.1	$\log p, h$-Diagramme	104
14.2	Dampfdruck-Tabellen	111

15	**Kälteträger**	113
15.1	Antifrogen L	113
15.1	Antifrogen N	114
15.2	Auslegungsparameter	115
16	**Wärmerückgewinnung**	118
17	**Symbole zur Erstellung von RI-Fließbildern für die Kältetechnik**	123
18	**Formeln aus der Elektrotechnik**	144
18.1	Grundformeln	144
18.2	Formeln Wechselstrom	151
18.3	Formeln Dreiphasenwechselstrom	160
18.4	Elektrische Antriebe	163
19	**Symbole und Schaltungen aus der Steuerungstechnik**	166
19.1	Normgerechte Darstellungen der elektrischen Betriebsmittel (Auszug)	166
19.2	Wechselstrommotor mit Haupt- und Hilfswicklung	170
19.3	Schaltungen von Drehstrommotoren	172
19.4	Pump-down und Pump-out mit Steuerungsbeispielen	176
19.5	Schaltungen der Sicherheitskette	179
20	**Praxistabellen und Diagramme aus der Elektro- und Steuerungstechnik**	181
21	**Netzformen**	204
21.1	Bedeutung der Buchstaben	204
21.2	Darstellung der unterschiedlichen Netzformen	205
	Stichwortverzeichnis für den kältetechnischen Teil	209
	Stichwortverzeichnis für den elektrotechnischen Teil	211

1 Allgemeiner Teil

1.1 Formelzeichen und Einheiten (DIN 1304 und DIN 1946)

Benennung	Formelzeichen	SI-Einheit	bisher	Umrechnung
Länge	l	m	m	
Breite	b	m	m	
Höhe	h	m	m	
Durchmesser	d	m	m	
Fläche	A	m^2	m^2	
Volumen	V	m^3	m^3	
Zeit, Zeitspanne, Dauer	t	s	s	
Zeitkonstante, Periodendauer, Schwingungsdauer	T	s	s	
Frequenz, Periodenfrequenz	f	s^{-1}	s^{-1}	
Geschwindigkeit	v	m/s	m/s	
Erdbeschleunigung (Gravitation)	g	$m \cdot s^{-2}$	$m \cdot s^{-2}$	
Drehzahl	n	s^{-1}	s^{-1}	
Allgemeine Zahl, Anzahl	n	–	–	
Volumenstrom	$\dot{V}$	m^3/s	m^3/s	
Masse	m	kg		
Dichte	ϱ	kg/m^3		
spezifisches Volumen	v	m^3/kg		
Massenstrom	$\dot{m}$	kg/s		
Kraft (Stell-)	F	N	kp	1 kp = 9,80665 N
Gewicht (Gravitationskraft)	G	kg*	kg $\triangleq$ kp	
Drehmoment	M	Nm	kpm	1 kpm = 9,80665 Nm
Atmosphärendruck (umgebender-)	p_{amb}	Pa, bar	kp/cm^2, m WS	1 at = 1 kp/cm^2 = 10 mWS = 0,980665 bar = 98,0665 kPa
Absolutdruck, Druck allgemein	p	Pa, bar	kp/cm^2, m WS	
Überdruck (atmosphärische Druckdifferenz)	p_e	Pa, bar	kp/cm^2, m WS	
Druckdifferenz	Δp	Pa, bar	kp/cm^2, m WS	1 mmWS/m = 9,80665 Pa/m
Druckgefälle (durch Reibungswiderstand)	R	Pa/m	mm WS/m	
Arbeit, Energie	W	J	kcal	1 kcal = 4,1868 kJ
Wärme, Wärmemenge	Q	J	kcal	
Leistung	P	W	PS	1 PS = 735,5 W
Wärmeleistung (-Strom)	$\dot{Q}$	W	kcal/h	1 kcal/h = 1,163 W
Wirkungsgrad	η	–	–	Leistungsverhältnis
Temperatur (thermodynamisch)	T	K	°K	K = n °C + 273
Celsius-Temperatur	t	°C	°C	°C = n K − 273
Temperaturdifferenz (Temperaturabstand)	$\Delta T (\Delta t)$	K	°C	1 °C = 1 K
Wärmeleitfähigkeit	λ	W/m K	kcal/m h °C	1 kcal/m h °C = 1,163 W/m K

Formelzeichen und Einheiten (DIN 1304 und DIN 1946) – Fortsetzung

Benennung	Formelzeichen	SI-Einheit	bisher	Umrechnung
Wärmeübergangskoeffizient	α	W/m²/K	kcal/m² h °C	1 kcal/m² h °C = 1,163 W/m² K
Wärmedurchgangskoeffizient	k	W/m²/K		
Temperaturleitfähigkeit	a	m²/s		
spezifische Wärmekapazität	c	J/kg K	kcal/kg °C	1 kcal/kg °C = 4,1868 kJ/kg K
Entropie	S	J/K	kcal/°C	1 kcal/°C = 4,1868 kJ/K
Benennung	Formelzeichen	SI-Einheit	bisher	Umrechnung
spezifische Entropie	s	J/kg K	kcal/kg °C	1 kcal/kg °C = 4,1868 kJ/kg K
Enthalpie (Wärmeinhalt)	H	J	kcal	1 kcal = 4,1868 kJ
spezifische Enthalpie	h	J/kg	kcal/kg	1 kcal/kg = 4,1868 kJ/kg
spezifische Verdampfungswärme	r	J/kg	kcal/kg	1 kcal/kg = 4,1868 kJ/kg
Wassergehalt (Feuchte-) absolut	x	g/kg		
relative Feuchte	φ	% rH		
absolute Feuchte	f	kg/m³		
Stromstärke	I	A	A	$I = U/R$
Elektr. Spannung	U	V	V	$U = R \cdot I$
Elektr. Widerstand	R	Ω	Ω	$R = U/I$

1.2 Griechisches Alphabet

A	α	alpha	N	ν	ny
B	β	beta	Ξ	ξ	xi
Γ	γ	gamma	O	o	omikron
Δ	δ	delta	Π	π	pi
E	ε	epsilon	P	ϱ	rho
Z	ζ	zeta	Σ	σ	sigma
H	η	eta	T	τ	tau
Θ	ϑ	theta	Y	υ	ypsilon
I	ι	iota	Φ	φ	phi
K	$\varkappa$	kappa	X	χ	chi
Λ	λ	lambda	Ψ	ψ	psi
M	μ	my	Ω	ω	omega

1.3 Vorsätze und Versatzzeichen zur Bezeichnung von dezimalen Vielfachen und Teilen von Einheiten

Vielfache und Teile	Zehnerpotenz	Bezeichnung	Vorsatz	Vorsatzzeichen
1 000 000 000 000 000 000 000 000	10^{24}	Quadrillion	Yotta	Y
1 000 000 000 000 000 000 000	10^{21}	Trilliarde	Zetta	Z
1 000 000 000 000 000 000	10^{18}	Trillion	Exa	E
1 000 000 000 000 000	10^{15}	Billiarde	Peta	P
1 000 000 000 000	10^{12}	Billion	Tera	T
1 000 000 000	10^{9}	Milliarde	Giga	G
1 000 000	10^{6}	Million	Mega	M
1 000	10^{3}	Tausend	Kilo	k
100	10^{2}	Hundert	Hekto	h
10	10^{1}	Zehn	Deka	da
0,1	10^{-1}	Zehntel	Dezi	d
0,01	10^{-2}	Hundertstel	Zenti	c
0,001	10^{-3}	Tausendstel	Milli	m
0,000 001	10^{-6}	Millionstel	Mikro	µ
0,000 000 001	10^{-9}	Milliardstel	Nano	n
0,000 000 000 001	10^{-12}	Billionstel	Piko	p
0,000 000 000 000 001	10^{-15}	Billiardstel	Femto	f
0,000 000 000 000 000 001	10^{-18}	Trillionstel	Atto	a
0,000 000 000 000 000 000 001	10^{-21}	Trilliardstel	Zepto	z
0,000 000 000 000 000 000 000 001	10^{-24}	Quadrillionstel	Yokto	y

Anmerkung: In den USA, Frankreich, Spanien und Italien wird 10^9 als Billion, 10^{12} als Trillion bezeichnet.

1.4 Umrechnungstabellen

Druck, Festigkeit

	Pa	bar	N/mm²	kp/m²	kp/cm² at	atm	Torr
1Pa = (= 1 N/m²)	1	10^{-5}	10^{-6}	0,102	$0{,}102 \cdot 10^{-4}$	$0{,}987 \cdot 10^{-5}$	0,0075
1 bar = (= 1 daN/cm²)	100000 = 10^5	1 (= 1000 mbar)	0,1	10200	1,02	0,987	750
1 N/mm² =	10^6	10	1	102000	10,2	9,87	7500
1 kp/m² =	9,81	$9{,}81 \cdot 10^{-5}$	$9{,}81 \cdot 10^{-6}$	1	10^{-4}	$0{,}968 \cdot 10^{-4}$	0,0736
1 kp/cm² = (= 1 at)	98100	0,981	0,0981	10000	1	0,968	736
1 atm = (= 760 Torr)	101325	1,013 (= 1013 mbar)	0,1013	10330	1,033	1	760
1 Torr = $\left(= \frac{1}{760}\,\text{atm}\right)$	133	0,00133	$1{,}33 \cdot 10^{-4}$	13,6	0,00136	0,00132	1

Energie, Arbeit, Wärmemenge

	J	kJ	kWh	kcal	PSh	kp m
1 J = (= 1 Nm = 1 Ws)	1	0,001	$2{,}78 \cdot 10^{-7}$	$2{,}39 \cdot 10^{-4}$	$3{,}77 \cdot 10^{-7}$	0,102
1 kJ =	1000	1	$2{,}78 \cdot 10^{-4}$	0,239	$3{,}77 \cdot 10^{-4}$	102
1 kWh =	3 600 000	3600	1	860	1,36	3 670 000
1 kcal =	4200	4,2	0,00116	1	0,00158	427
1 PSh =	2 650 000	2650	0,736	632	1	270 000
1 kpm =	9,81	0,00981	$2{,}72 \cdot 10^{-6}$	0,00234	$3{,}7 \cdot 10^{-6}$	1

Leistung, Energiestrom, Wärmestrom

	W	kW	kcal/s	kcal/h	kp m/s	PS
1 W = (= 1 Nm/s = 1 J/s)	1	0,001	$2{,}39 \cdot 10^{-4}$	0,860	0,102	0,00136
1 kW =	1000	1	0,239	860	102	1,36
1 kcal/s =	4190	4,19	1	3600	427	5,69
1 kcal/h =	1,16	0,00116	$\frac{1}{3600}$	1	0,119	0,00158
1 kp m/s =	9,81	0,00981	0,00234	8,43	1	0,0133
1 PS =	736	0,736	0,176	632	75	1

1 kW = 3412 BTU/h   1 ton of refrigeration = 3,5 kW

Temperatur

	°C (Celsius)	K (Kelvin)	°F (Fahrenheit)
°C (Celsius)	1	$K = X_c + 273{,}15$	$°F = \dfrac{X_c}{0{,}56} + 32$
K (Kelvin)	$°C = X_k - 273{,}15$	1	$°F = \dfrac{(X_k - 273{,}15)}{0{,}56} + 32$
°F (Fahrenheit)	$°C = 0{,}56\,(X_F - 32)$	$K = [0{,}56(X_F - 32) + 273{,}15]$	

1.4 Umrechnungstabellen

Dichte

	kg/l	kg/m³	pound per cubic inch lb/in³
1 kg/l	1	1000	0,03613
1 kg/m³	0,001	1	$0,03613 \cdot 10^{-3}$
1 lb/in³	27,6797	27 679,7	1
1 lb/ft³	0,01602	16,02	$0,5787 \cdot 10^{-3}$
1 lb/yd³	$0,59327 \cdot 10^{-3}$	0,59327	$0,2143 \cdot 10^{-4}$
1 lb/gal (Imp)	0,09978	99,78	$0,3605 \cdot 10^{-2}$
1 lb/gal (U.S.)	0,1198	119,8	$0,4329 \cdot 10^{-2}$

Entropie-Differenz, Spez. Wärmekapazität

Δs	$\dfrac{kJ}{kg\,K}$	$\dfrac{kcal}{kg\,°C}$	$\dfrac{Btu}{pound\,°F}$
1 kJ/kg K	1	0,239	0,239
1 kcal/kg °C	4,19	1	1
1 Btu/lb °F	4,19	1	1

Wärmedurchgangskoeffizient, Wärmeübergangskoeffizient

k, α	$\dfrac{J}{m^2\,s\,K} = \dfrac{W}{m^2\,K}$	$\dfrac{kJ}{m^2\,h\,K}$	$\dfrac{kcal}{m^2\,h\,°C}$	$\dfrac{Btu}{sq.\,ft.\,h\,°F}$
1 J/m² s K = W/m² K	1	3,60	0,860	0,1761
1 kJ/m² h K	0,278	1	0,239	0,0489
1 kcal/m² h °C	1,163	4,1868	1	0,2050
1 Btu/ft² h °F	5,680	20,40	4,880	1

$$\dfrac{cal}{cm^2\,s\,°C} = 41{,}868\,\dfrac{J}{m^2\,s\,K} = 150{,}700\,\dfrac{kJ}{m^2\,h\,K} = 36\,000\,\dfrac{kcal}{m^2\,h\,°C} = 7380\,\dfrac{Btu}{sq.\,ft.\,h\,°F}$$

Wärmeleitkoeffizient

λ	$\dfrac{J}{m\,s\,K} = \dfrac{W}{m\,K}$	$\dfrac{kJ}{m\,h\,K}$	$\dfrac{kcal}{m\,h\,°C}$	$\dfrac{Btu}{ft.\,h\,°F}$	$\dfrac{Btu\,in}{sq.\,ft.\,h\,°F}$
1 J/m s K = W/m K	1	3,60	0,860	0,578	6,94
1 kJ/m h K	0,278	1	0,239	0,1605	1,926
1 kcal/m h °C	1,163	4,19	1	0,6719	8,064
1 Btu/ft. h °F	1,730	6,23	1,488	1	12
1 Btu in/ft² h °F	0,144	0,519	0,124	0,0833	1

$$1\,\dfrac{cal}{cm\,s\,°C} = 41\,868\,\dfrac{J}{m\,s\,K} = 1{,}507\,\dfrac{kJ}{m\,h\,K} = 360\,\dfrac{kcal}{m\,h\,°C} = 242\,\dfrac{Btu}{ft.\,h\,°F} = 2900\,\dfrac{Btu\,in}{sq.ft.\,h\,°F}$$

Enthalpie-Differenz, Latente Wärme

Δh	$\dfrac{kJ}{kg}$	$\dfrac{kcal}{kg}$	$\dfrac{Btu}{pound}$
1 kJ/kg	1	0,239	0,43
1 kcal/kg	4,19	1	1,80
1 Btu/lb	2,33	0,556	1

$$1\,\frac{cal}{g} = \frac{kcal}{kg}$$

Strahlungskoeffizient, Strahlungsfaktor, Strahlungskonstante

	$\dfrac{J}{m^2\,s(K)^4} = \dfrac{W}{m^2(K)^4}$	$\dfrac{kJ}{m^2\,h(K)^4}$	$\dfrac{kcal}{m^2\,h(K)^4}$	$\dfrac{Btu}{sq.\,ft.\,h(°R)}$
1 J/m² s(K)⁴ = $\dfrac{W}{m^2(K)^4}$	1	3,60	0,860	0,0302
1 kJ/m² h(K)⁴	0,278	1	0,239	0,0084
1 kcal/m² h(K)⁴	1,163	4,1868	1	0,0351
1 Btu/ft² h(°R)⁴	33,1	119,2	28,5	1

Wärmeübertragung

Wärmemenge je Flächeneinheit	$\dfrac{kcal}{m^2}$	$\dfrac{Btu}{sq.\,in}$	$\dfrac{Btu}{sq.\,ft.}$
1 kcal/m²	1	$2,560 \cdot 10^{-3}$	0,36
1 Btu/sq. in	390,6	1	144
1 Btu/sq. ft	2,71	$6,944 \cdot 10^{-3}$	1

Geschwindigkeit

	$\dfrac{m}{s}$	$\dfrac{ft}{s}$	$\dfrac{ft}{min}$	$\dfrac{km}{h}$
1 m/s	1	3,28	196,8	3,60
1 ft/s	0,305	1	60	1,097
1 ft/min	0,00508	0,0167	1	0,0183
1 km/h	0,278	0,911	54,7	1

2 Begriffe, Definitionen, Postulate, Hauptsätze

2.1. System

Der Bereich einer Anlage oder Maschine, die thermodynamisch untersucht werden soll, wird als System bezeichnet. Ein System ist demnach ein Raum oder eine Stoffmenge, die durch eine vorhandene oder gedachte Systemgrenze von der Umgebung abgegrenzt wird.

2.1.1 Geschlossenes System

Über die Systemgrenze eines geschlossenen Systems gibt es keinen Stofftransport. Ein Energietransport über die Systemgrenze ist dagegen möglich.

2.1.2 Offenes System

Über die Systemgrenze können Stoff- und Energieströme fließen.

2.1.3 Abgeschlossenes System

Die Systemgrenze wird weder von Stoff — noch von Energieströmen überschritten.

2.1.4 Adiabates System

Als adiabat wird ein System bezeichnet, welches gegenüber seiner Umgebung wärmeisoliert ist.

2.2 Zustandsgrößen, Zustandsänderungen

Die physikalischen Eigenschaften eines Körpers (wie z. B. Druck p in $\frac{N}{m^2}$; spezifisches Volumen v in $\frac{m^3}{kg}$; Masse m in kg; Temperatur t in °C) die man unmittelbar oder mittelbar messen kann, werden als Zustandsgrößen bezeichnet.

Ändert sich der Wärmezustand eines Körpers, so ist dies gekennzeichnet durch eine Änderung der Zustandsgrößen.

2.3 Prozeß, Prozeßgrößen

Als Prozeß wird der Vorgang des Einwirkens auf ein System bezeichnet.
Der Prozeß wird im allgemeinen eine Zustandsänderung bewirken.
Wärme und Arbeit sind Prozeßgrößen und keine Zustandsgrößen.
Prozeßgrößen wirken über die Prozeßdauer und damit während der Zustandsänderung auf das System ein.

2.4 Erster Hauptsatz der Thermodynamik (Energieerhaltungssatz)

In einem abgeschlossenen System kann der Gesamtbetrag der Energie weder vergrößert noch verkleinert werden.

Es können lediglich die verschiedenen Energiearten ineinander umgewandelt werden.

Arbeit und Wärme sind äquivalent

2.5 Arbeit

Arbeit ist gleich Kraft mal Weg. Wird an einem Körper Arbeit geleistet, dann erhöht sich seine Energie.

Arbeit ist eine Form der Energieübertragung.

$$W = F \cdot s \text{ in Nm mit: } F \text{ in } N \text{ oder } \frac{kg\,m}{s^2}$$
$$s \text{ in } m$$

2.6 Thermische Energie

Die Atome und Moleküle aller Stoffe weisen eine ständige, ungeordnete thermische Bewegung auf.

Die Gesamtheit der potentiellen und kinetischen Energien aller Moleküle einer Stoffmenge bezeichnet man als thermische Energie.

Das Maß für die thermische Bewegung der Atome und Moleküle eines Körpers ist die Temperatur.

2.6.1 Innere Energie

Als innere Energie U des Systems bezeichnet man die in den Stoffmengen des Systems gespeicherte thermische Energie. Wird ein adiabates System von einem Zustand auf einen zweiten, vom ersten verschiedenen Zustand gebracht, so ändert sich die innere Energie.

Führt man die gleiche Zuständsänderung an einem nicht adiabaten System durch, so wird die Änderung der inneren Energie nicht mehr gleich der am System verrichteten Arbeit sein.

2.6.2 Wärme

Ein geschlossenes System habe gegenüber seiner Umgebung eine andere Temperatur.

Ist das System nichtadiabat, wird sich über die Systemgrenze hinweg ein Temperaturgefälle ausbilden. Dieses Temperaturgefälle bewirkt einen Transport von thermischer Energie über die Systemgrenze hinweg, die als Wärme Q bezeichnet wird.

Wärme ist eine Prozeßgröße.

Die auf die Zeit bezogene Wärme stellt den Wärmestrom dar.

$$\dot{Q} = \frac{Q}{\tau} \text{ in } \frac{J}{s} \text{ mit: } Q = \text{Wärmemenge in J}$$
$$\tau = \text{Zeit in s}$$

2.6.3 Erstes Gleichgewichtspostulat

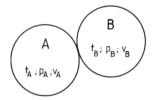

Werden zwei Körper A und B mit verschiedenen Wärmezuständen in Berührung gebracht, so ändern sich die Zustände durch Wechselwirkung so lange, bis ein Wärmegleichgewicht eintritt.

2.6.4 Zweites Gleichgewichtspostulat

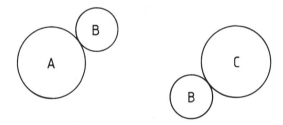

Ist ein Körper B im Wärmegleichgewicht mit einem Körper A und außerdem im Gleichgewicht mit einem Körper C, so sind auch die Körper A und C miteinander im Wärmegleichgewicht, d. h. sie haben gleiche Temperaturen.

Aus den beiden Gleichgewichtspostulaten ist ersichtlich, daß Wärme eine austauschbare Energieform ist.

Der Energiestrom tritt immer in Richtung des Energiegefälles auf, d. h. es findet ein Wärmestrom vom wärmeren zum kälteren Körper statt.

2.7 Zweiter Hauptsatz der Thermodynamik

Während der erste Hauptsatz der Thermodynamik besagt, daß Wärme und Arbeit äquivalent sind so ergibt sich aus den Gleichgewichtspostulaten nach Clausius die Formulierung:

> Wärme kann nie von selbst von einem Körper niederer Temperatur auf einen Körper höherer Temperatur übergehen

3 Wärmeübertragung

3.1 Wärmeübergang

Unter dem Begriff Wärmeübergang versteht man die Übertragung von Wärme zwischen zwei benachbarten Medien ungleichen Aggregatzustandes.

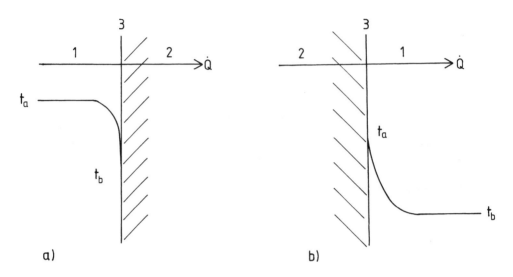

a) Wärmeübergang von einer Flüssigkeit oder einem Gas an eine kältere Wand
b) Wärmeübergang von einer wärmeren Wand an eine Flüssigkeit oder ein Gas

1: Medium mit geringerer Dichte
2: Medium mit höherer Dichte
3: begrenzende Oberfläche von Medium 2

Wenn $t_a > t_b$ ergibt sich der übertragene Wärmestrom zu:

$\dot{Q} = \alpha \cdot A \cdot (t_a - t_b)$ in W mit: Wärmeübergangskoeffizient α in $\frac{W}{m^2 K}$
Wärmeübertragungsfläche A in m^2
Temperaturdifferenz $t_a - t_b$ in K

Der Wärmeübergangskoeffizient α in $\frac{W}{m^2 K}$ ist der Wärmestrom in Watt von einem Stoff auf eine Fläche von 1 m², oder in umgekehrter Richtung, wenn die Temperaturdifferenz zwischen der Fläche und dem Stoff ein Kelvin beträgt.

Der Kehrwert $\frac{1}{\alpha}$ wird als Wärmeübergangswiderstand mit der Einheit $\frac{m^2 K}{W}$ bezeichnet.

3.2 Wärmeleitung

Unter dem Begriff Wärmeleitung versteht man das Fließen des Wärmestromes innerhalb eines festen, flüssigen oder gasförmigen Körpers.

Der Wärmestrom hängt ab von:

1. der Temperaturdifferenz ΔT in K
2. der Schichtdicke der Wand δ in m
3. der Übertragungsfläche A in m²
4. der Art des Stoffes, d. h. von seiner Wärmeleitfähigkeit

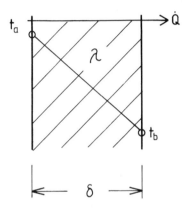

Wenn $t_a > t_b$ ergibt sich der Wärmestrom zu:

$$\dot{Q} = \frac{\lambda}{\delta} \cdot A \cdot (t_a - t_b) \text{ in } W \text{ mit: Wärmeleitkoeffizient } \lambda \text{ in } \frac{W}{m\,K}$$

Schichtdicke δ in m
Wärmeübertragungsfläche A in m²
Temperaturdifferenz $t_a - t_b$ in K

Die Wärmeleitfähigkeit λ in $\frac{W}{m\,K}$ ist der Wärmestrom in Watt, der in einer Sekunde durch einen Quadratmeter einer Wand mit einer Schichtdicke von einem Meter hindurchgeleitet wird, wenn die Temperaturdifferenz zwischen den beiden Oberflächen ein Kelvin beträgt.

3.3 Wärmedurchgang

Unter dem Begriff Wärmedurchgang versteht man das Fließen eines Wärmestromes von einem flüssigen oder gasförmigen Medium durch eine ein- oder mehrschichtige Wand aus festem Material auf ein zweites flüssiges oder gasförmiges Medium. Der Wärmedurchgang setzt sich folgendermaßen zusammen:

Wärmeübergang + Wärmeleitung + Wärmeübergang

Wärmedurchgang durch eine einschichtige Wand

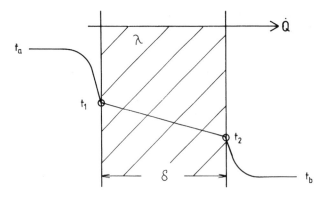

Wenn $t_a > t_b$ ergibt sich der Wärmestrom zu:

$\dot{Q} = k \cdot A \cdot (t_a - t_b)$ in W mit: Wärmedurchgangskoeffizient k in $\dfrac{W}{m^2 K}$

Wärmeübertragungsfläche A in m^2
Temperaturdifferenz $t_a - t_b$ in K

Wie oben erwähnt, setzt sich der Wärmedurchgang aus den Teilvorgängen: Wärmeübergang + Wärmeleitung + Wärmeübergang, zusammen.

Der Wärmedurchgangskoeffizient ergibt sich zu:

$k = \dfrac{1}{\dfrac{1}{\alpha_a} + \sum\limits_{i=1}^{n} \dfrac{\delta_n}{\lambda_n} + \dfrac{1}{\alpha_i}}$ in $\dfrac{W}{m^2 K}$ mit: Wärmeübergangswiderstand $\dfrac{1}{\alpha_a}$ in $\dfrac{m^2 K}{W}$

Wärmeleitwiderstand $\dfrac{\delta}{\lambda}$ in $\dfrac{m^2 K}{W}$

Wärmeübergangswiderstand $\dfrac{1}{\alpha_i}$ in $\dfrac{m^2 K}{W}$

3.4 Temperaturen an den Grenzflächen beim Wärmedurchgang durch eine mehrschichtige Wand

Wärmedurchgang durch eine mehrschichtige Wand (Dampfsperre zeichnerisch vernachlässigt)

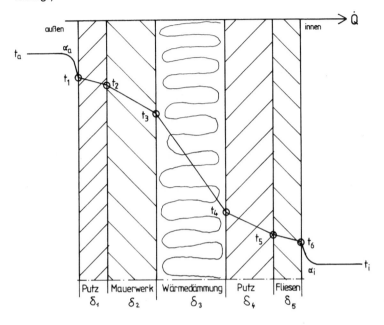

Berechnungsformel für das o. a. Bild: Wand mit 5 Schichten:

$t_a - t_1 = k \cdot \Delta T_{ges.} \cdot \dfrac{1}{\alpha_a}$ in K

$t_1 - t_2 = k \cdot \Delta T_{ges.} \cdot \dfrac{\delta_1}{\lambda_1}$ in K

$t_2 - t_3 = k \cdot \Delta T_{ges.} \cdot \dfrac{\delta_2}{\lambda_2}$ in K

$t_3 - t_4 = k \cdot \Delta T_{ges.} \cdot \dfrac{\delta_3}{\lambda_3}$ in K

$t_4 - t_5 = k \cdot \Delta T_{ges.} \cdot \dfrac{\delta_4}{\lambda_4}$ in K

$t_5 - t_6 = k \cdot \Delta T_{ges.} \cdot \dfrac{\delta_5}{\lambda_5}$ in K

$t_6 - t_i = k \cdot \Delta T_{ges.} \cdot \dfrac{1}{\alpha_i}$ in K

$t_a =$

$t_1 =$

$t_2 =$

$t_3 =$

$t_4 =$

$t_5 =$

$t_6 =$

$t_i =$

4 Wärmetauscher

Wird eine Stoffmasse einmalig um eine bestimmte Temperaturdifferenz abgekühlt und erfolgt diese Abkühlung bei nahezu konstantem Druck so ergibt sich der erforderliche Wärmeentzug zu:

$Q = m \cdot c \cdot (t_a - t_b)$ in kJ mit: Stoffmasse m in kg
$m = V \cdot \varrho$ in kg mit: Volumen in m^3
Dichte in $\frac{kg}{m^3}$
spezifische Wärmekapazität der Stoffmasse c in $\frac{kJ}{kg\,K}$
Temperaturdifferenz $t_a - t_b$ in K

Unter dem Begriff spezifische Wärmekapazität c in $\frac{kJ}{kg\,K}$ versteht man diejenige Wärmemenge, die benötigt wird, um bei 1 kg einer Stoffmasse (fest oder flüssig) die Temperatur um 1 Kelvin zu ändern.

Die spezifische Wärmekapazität ist druck- und temperaturabhängig. Bei festen Stoffen kann die Druckabhängigkeit vernachlässigt werden.

Wird eine Stoffmasse z. B. eine Flüssigkeit dauernd in einem Durchflußkühler abgekühlt, so ergibt sich der erforderliche Wärmestrom zu:

$\dot{Q} = \dot{m} \cdot c \cdot \Delta T$ in $\frac{kJ}{s}$ mit: Massenstrom in $\frac{kg}{s}$
spezifische Wärmekapazität c in $\frac{kJ}{kg\,K}$
Temperaturdifferenz ΔT in K

Bei der Durchflußkühlung findet die Wärmeübertragung zwischen zwei durch eine Trennwand von einander getrennten, strömenden Medien statt.

Die hierbei verwendeten Apparate werden aufgrund der Stoffstromführung folgendermaßen eingeteilt:

4.1 Gleichstromwärmetauscher

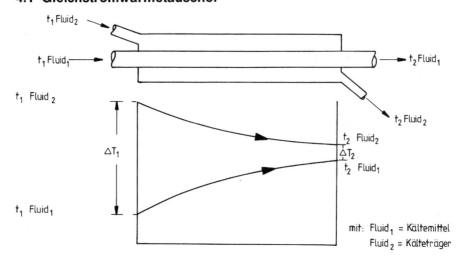

4.2 Gegenstromwärmetauscher

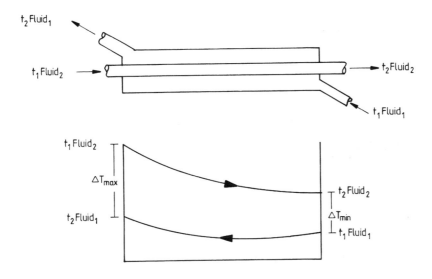

4.3 Mittlere logarithmische Temperaturdifferenz

Der Verlauf der Temperatur der beiden Stoffströme ist, wie aus den beiden Schemata hervorgeht, nicht geradlinig.

Aus diesem Grund kann als mittlere Temperaturdifferenz nicht das arithmetische Mittel eingesetzt werden.

Es wird mit der mittleren logarithmischen Temperaturdifferenz ΔT_m gerechnet.

Sie ergibt sich zu: $\Delta T_m = \dfrac{\Delta T_1 - \Delta T_2}{\ln \dfrac{\Delta T_1}{\Delta T_2}}$ mit: ΔT_1 = größte Temperaturdifferenz

ΔT_2 = kleinste Temperaturdifferenz

4.4 Kreuzstromwärmetauscher

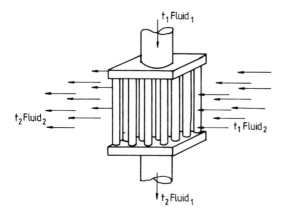

Für den Kreuzstrom liegt die mittlere Temperaturdifferenz angenähert bei:

$$\Delta T_m = \sqrt{\Delta T_1 \cdot \Delta T_2}$$

5 Der Arbeitsprozeß zur Kälteerzeugung im *T,s*-Diagramm und log *p,h*-Diagramm

Kälteanlagen sind Anlagen, die unter Verwendung von Kältemitteln einem Stoff oder einem Raum Wärme entziehen und kühlen.

Kälteanlagen arbeiten mit Kältemitteln, die in einem geschlossenen Kreislauf bewegt werden. Das Kältemittel ändert bei der Zirkulation durch die Kälteanlage seinen Aggreatzustand, wobei es einerseits seiner Umgebung Wärme entzieht und verdampft und andererseits durch Abgabe der Wärme wieder verflüssigt wird.

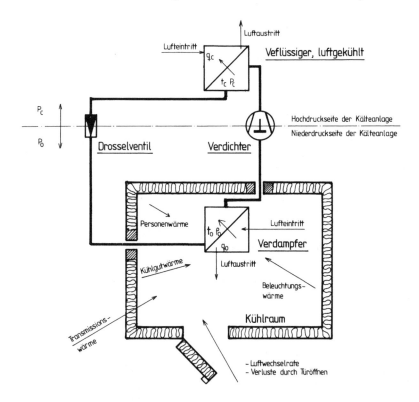

5.1 Der Carnotsche Kreisprozeß als idealer Vergleichsprozeß im *T,s*-Diagramm

Bezogen auf ein kg umlaufendes Kältemittel ergibt sich folgendes:
- aufgenommene Wärmemenge: $q_0 = T_0 \cdot (s_2 - s_1)$; Fläche 1−4−6−7−1
- abgeführte Wärmemenge: $q_c = T_c \cdot (s_2 - s_1)$; Fläche 2−3−6−7−2
- erforderliche Arbeit: $w_{ca} = q_c - q_0 = (T_c - T_0) \cdot (s_2 - s_1)$; Fläche 1−2−3−4−1

Expansionsarbeit: Fläche 3−5−4−3

Die Leistungsziffer ε_{ca} resultiert nun aus dem Verhältnis von Nutzen und Aufwand mit:

5 Der Arbeitsprozess zur Kälteerzeugung im T,s-Diagramm und log p,h-Diagramm

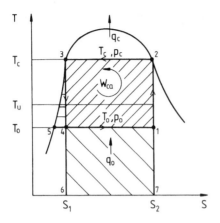

$$\varepsilon_{ca} = \frac{q_0}{w_{ca}} = \frac{T_0 \cdot (s_2 - s_1)}{(T_c - T_0) \cdot (s_2 - s_1)} = \frac{T_0}{T_c - T_0}$$

5.2 Der theoretische Vergleichsprozeß im T,s-Diagramm

Der Carnot-Prozeß als idealer Kreisprozeß zwischen zwei Isothermen und zwei Adiabaten liefert einerseits mit ε_{ca} zwar die größte, die theoretische Leistungsziffer ist aber andererseits nicht realisierbar, weil weder die Kompression noch die Expansion isentrop verlaufen.

Zur Veranschaulichung der realen, tatsächlichen Gegebenheiten wird die Darstellung des Kreisprozesses erweitert.

Die Drosselung vom Verflüssigungsdruck p_c auf den Verdampfungsdruck p_0 erfolgt durch das Expansionsventil, wobei die Isentrope durch eine Isenthalpe ersetzt wird, weil der Drosselvorgang bei $h = $ const. verläuft, (Punkt 3 → 4).

Die Verdichtung von Naßdampf ist unerwünscht, so daß der Verdichtungsbeginn auf die rechte Grenzkurve gelegt wird, (von b nach 1).

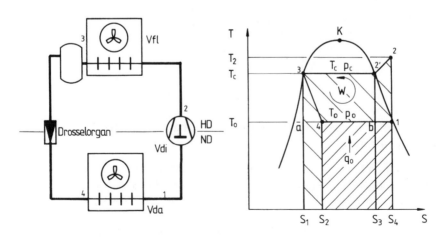

Bezogen auf ein kg umlaufendes Kältemittel ergibt sich folgendes:

5.4 Darstellung des theor. und des prakt. Vergleichsprozesses im log p, h-Diagramm

- aufgenommene Wärmemenge: Fläche $1-4-s_2-s_4-1$
- abgeführte Wärmemenge: Fläche $2-3-s_1-s_4-2$
- erforderliche Arbeit: Fläche $2-3-s_1-s_2-4-1-2$

5.3 Der praktische Vergleichsprozeß im T,s-Diagramm
Polytrope Verdichtung von überhitztem Dampf und Flüssigkeitsunterkühlung durch Wärmetauscher

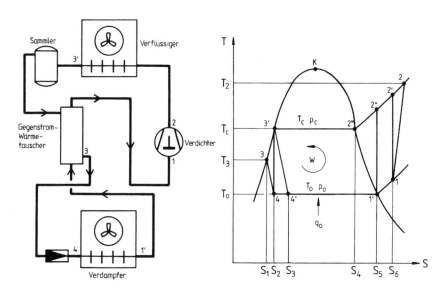

Bezogen auf ein kg umlaufendes Kältemittel ergibt sich folgendes:
- aufgenommene Wärmemenge: $1-4-s_2-s_6-1$
- abgeführte Wärmemenge: $2-3-s_1-s_6-2$
- erforderliche Arbeit: $2-3-s_1-s_2-4-1-2$

Leistungsziffern: **Kreisprozesse:**

$$\varepsilon_{ca} = \frac{T_0}{T_c - T_0} = \varepsilon_{max}$$

ideal, verlustfrei; nicht kältemittelabhängig; nur von T_0 und T_c bestimmt

$$\varepsilon_{is} = \frac{q_0}{w_{is}}$$

verlustbehaftet durch Drosselung; isentrope Verdichtung von trockengesättigtem Dampf

$$\varepsilon_i = \frac{q_0}{w_i}$$

verlustbehaftet durch Drosselung; polytrope Verdichtung von überhitztem Dampf; Kältemittelunterkühlung

5.4 Darstellung des theoretischen und des praktischen Vergleichsprozesses im log p, h-Diagramm

Das Temperatur-Entropiediagramm veranschaulicht den Kälte-Kreisprozeß insofern deutlich, als die zu- bzw. abgeführten Wärmemengen als Flächen im Diagramm erscheinen.

5 Der Arbeitsprozess zur Kälteerzeugung im T,s-Diagramm und $\log p,h$-Diagramm

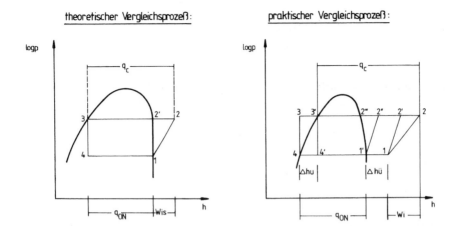

In der kältetechnischen Praxis wird aber häufig dem $\log p, h$-Diagramm der Vorzug gegeben, weil die Werte der spezifischen Enthalpie z. B. zur Berechnung des spezifischen Nutzkältegewinns $q_{oN} = h'_1 - h_4$ unmittelbar abgelesen werden können. Zu- bzw. abgeführte Wärmemengen erscheinen im $\log p, h$-Diagramm als Strecken.

6 Formeln aus der Kältetechnik

6.1 p,V-Diagramm des praktischen einstufigen Verdichters

Die Berechnung der Kaltdampfkompressionskältemaschine erfolgt auf der Grundlage des p,V-Diagrammes für den Arbeitsprozeß des Verdichters.

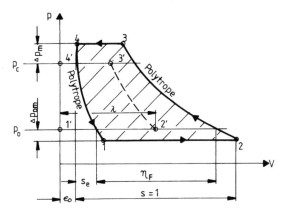

p,V-Diagramm eines praktischen einstufigen Verdichters

p_c	Verflüssigungsdruck	1–2	Ansaugen
p_0	Verdampfungsdruck	2–3	Verdichten
Δp_m	mittlerer Strömungs- widerstand im Druckventil	3–4	Ausschieben
Δp_{0m}	mittlerer Strömungswiderstand im Saugventil	4–1	Entspannen (Rückexpansion)
ε_0	schädlicher Raum	1'–2'–3'–4'	Diagramm des verlustlosen Verdichters
s_e	rückexpandiertes Volumen		
λ	wirkl. gefördertes Volumen, Liefergrad		
s	Hubvolumen gleich 1 gesetzt		
η_F	angesaugtes Volumen, Füllungsgrad, auch η_{vol} (volumetrischer Wirkungsgrad)		

Die o. a. Abbildung zeigt den verlustlos arbeitenden, idealen Verdichter ($\lambda = 1{,}0$) im Vergleich zum verlustbehaftet arbeitenden praktischen Verdichter im p,V-Diagramm.

Abweichungen zum idealen Kreisprozeß:

- Vergrößerung der Fläche durch Strömungswiderstände in den Arbeitsventilen
- konstruktiv bedingter schädlicher Raum ε_0 (moderner Verdichter $\varepsilon_0 = 2\%$)
- Verminderung des Füllungsgrades η_F durch Rückexpansion s_e aus dem schädlichen Raum (Füllungsgrad $\eta_F \hat{=}$ volumetrischem Wirkungsgrad η_{vol})

Werden beide Flächen, nämlich 1'–2'–3'–4'–1' und 1–2–3–4–1 ins Verhältnis zueinander gesetzt, so ergibt sich der sog. indizierte Wirkungsgrad η_i. Das DKV-Arbeitsblatt 3-01 (Abbildung siehe folgende Seite) zeigt anhand eines Beispieles die Verknüpfung von λ und η_i auf.

6.2 Liefergrad und indizierter Wirkungsgrad von Ammoniak-Verdichtern

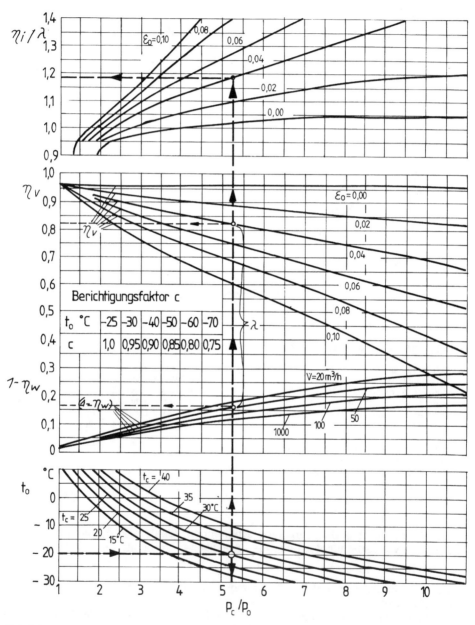

Beispiel:

Verdampfungstemperatur $t_o = -20\,°C$;
Verflüssigungstemperatur $t_c = +25\,°C$;
Schädlicher Raum $\varepsilon_o = 0{,}04$;
stündliches Hubvolumen einer Zylinderseite
$\dot{V} = 50\ m^2/h$
ergibt:

Druckverhältnis $p_c/p_o = 5{,}3$;
Volumetrischer Wirkungsgrad $\eta_v = 0{,}82$;
Wandungsverlust $(1 - \eta_w) = 0{,}16$;
Berichtigungsfaktor für alle t_o über $-25\,°C$: $c = 1$;
Liefergrad $\lambda = [\eta_v - (1 - \eta_w)] \cdot c = 0{,}66$; $\eta_i/\lambda = 1{,}18$;
Indizierter Wirkungsgrad $\eta_i = 1{,}18 \cdot 0{,}66 = 0{,}78$.

6.2 Liefergrad und indizierter Wirkungsgrad von Ammoniak-Verdichtern

Geometrisches Fördervolumen des Verdichters:

$$\dot{V}_{geo} = \frac{d^2 \cdot \pi \cdot L_H \cdot i \cdot n}{4 \cdot 60} \text{ in: } \frac{m^3}{s} \text{ mit: } \frac{d^2 \cdot \pi}{4} = \text{Zylinderfläche in m}^2$$

L_H = Hublänge in m
i = Zylinderzahl
n = Drehzahl pro Min

Liefergrad λ des Verdichters:

$$\lambda = \frac{\dot{V}_{tat}}{\dot{V}_{geo}} \text{ mit: } \dot{V}_{tat} = \dot{m}_R \cdot v_1 = \frac{\dot{Q}_o \cdot 24 \cdot v_1}{\tau \cdot q_{ON}} \text{ in } \frac{m^3}{s}$$

mit: $\dot{m}_R$ = Kältemittelmassenstrom in $\frac{kg}{s}$

v_1 = spezifisches Dampfvolumen am Eintritt des Verdichters in $\frac{m^3}{kg}$

q_{ON} = Nutzkältegewinn in $\frac{kJ}{kg}$

τ = Betriebszeit in $\frac{h}{d}$

$24 \frac{h}{d}$

$\dot{Q}_o$ = Kälteleistung in $\frac{kJ}{s}$

$\dot{V}_{geo}$ in $\frac{m^3}{s}$

Liefergrad λ nach Prof. Dr.-Ing. K. Linge:

$\lambda = [\eta_{vol} - (1 - \eta_w)] \cdot c$ mit: η_{vol} = volumetrischer Wirkungsgrad

η_w = Wandlungsverluste

c = Korrekturfaktor für Verdampfungstemperaturen ab
t_o = –30 °C

Der Liefergrad kann alternativ folgendermaßen dargestellt werden:

$$\lambda = \frac{\dot{V}_{tat}}{\dot{V}_{geo}} = \frac{\dot{m}_R \cdot v_1}{\dot{V}_{geo}} = \frac{\dot{Q}_o \cdot v_1}{q_{ON} \cdot \dot{V}_{geo}} = \frac{\dot{Q}_o}{\frac{q_{ON} \cdot \dot{V}_{geo}}{v_1}} = \frac{\dot{Q}_o}{q_{vol} \cdot \dot{V}_{geo}}$$

mit: q_{ON} = Nutzkältegewinn in $\frac{kJ}{kg}$

$q_{ON} = h_1' - h_4$ in $\frac{kJ}{kg}$ mit: h_1' = Enthalpie des überhitzten Dampfes am Ausgang des Verdampfers in $\frac{kJ}{kg}$

$\dot{m}_R$ in $\frac{kg}{s}$

h_4 = Enthalpie des flüssigen Kältemittels am Eingang des Verdampfers in $\frac{kJ}{kg}$

v_1 in $\dfrac{m^3}{kg}$

q_{vol} = volumetrische Kälteleistung in $\dfrac{kJ}{m^3}$

$q_{vol} = \dfrac{q_{ON}}{v_1}$ oder:

$q_{vol} = \dfrac{\dot{Q}_0}{\dot{V}_{geo} \cdot \lambda}$ in $\dfrac{kJ}{m^3}$ mit: $\dot{Q}_0$ = Kälteleistung in $\dfrac{kJ}{s}$

$\dot{V}_{geo}$ = geometrisches Fördervolumen in $\dfrac{m^3}{s}$

λ = Liefergrad

Stellt man die o. a. Gleichung nach der Kälteleistung um, so ergibt sich:

$\dot{Q}_0 = q_{vol} \cdot \dot{V}_{geo} \cdot \lambda$ in $\dfrac{kJ}{s}$

> Mit sinkender Verdampfungstemperatur fällt die volumetrische Kälteleistung ab, weil das spezifische Dampfvolumen zunimmt.

Fazit:

Ein und derselbe Verdichter erbringt mit abnehmender Verdampfungstemperatur weniger Kälteleistung! (siehe nachfolgende Abbildung Verdichterdatenblatt Copeland S. 26f)

Wird die Kälteleistung als Produkt aus zirkulierendem Kältemittelmassenstrom $\dot{m}_R$ und spezifischem Nutzkältegewinn $q_{ON} = h'_1 - h_4$ definiert so ergibt sich:

$\dot{Q}_0 = \dot{m}_R \cdot q_{ON}$ in $\dfrac{kJ}{s}$ mit $\dot{m}_R$ in $\dfrac{kg}{s}$ und $q_{ON} = h'_1 - h_4$ in $\dfrac{kJ}{kg}$

$\dot{m}_R = \dfrac{\dot{Q}_0}{q_{ON}}$ oder $\dot{m}_R = \dfrac{\dot{Q}_0 \cdot 24}{\tau \cdot (h'_1 - h_4)}$

Für die Berechnung der Verflüssigungsleistung $\dot{Q}_c$ in kW ist es erforderlich, den Leistungsbedarf des elektrischen Antriebsmotors für den Kälteverdichter zu ermitteln.

Als Antriebsleistung für den theoretischen Vergleichsprozeß sei

$P_{is} = \dot{m}_R \cdot w_{is}$ in $\dfrac{kJ}{s}$ mit $\dot{m}_R$ in $\dfrac{kg}{s}$

w_{is} in $\dfrac{kJ}{kg}$

$w_{is} = h'_2 - h_1$ in $\dfrac{kJ}{kg}$

Als Antriebsleistung für den praktischen Vergleichsprozeß sei

$P_i = \dot{m}_R \cdot w_i$ in $\dfrac{kJ}{s}$ mit $\dot{m}_R$ in $\dfrac{kg}{s}$

6.2 Liefergrad und indizierter Wirkungsgrad von Ammoniak-Verdichtern

$$w_i = \frac{w_{is}}{\eta_i} \text{ in } \frac{kJ}{kg} \text{ mit: } \eta_i \text{ aus}$$

DKV-Arbeitsblatt 3-01 und

$$\eta_i = \lambda \cdot \frac{\eta_i}{\lambda} \text{ sowie } \lambda = [\eta_{vol} - (1 - \eta_w)] \cdot c$$

aufgeführt.

Unter Berücksichtigung des mechanischen Wirkungsgrades η_m ergibt sich die effektive Antriebsleistung zu:

$$P_e = \frac{P_i}{\eta_m} \text{ in } \frac{kJ}{s} \triangleq kW \text{ oder:}$$

$$P_e = \frac{\dot{m}_R \cdot w_i}{\eta_m} = \frac{\dot{m}_R \cdot w_{is}}{\eta_m \cdot \eta_i} = \frac{\dot{m}_R \cdot w_{is}}{\eta_e} \text{ in } \frac{kJ}{s} \triangleq kW$$

mit: Kältemittelmassenstrom $\dot{m}_R = \frac{\dot{Q}_o}{q_{oN}}$ in $\frac{kg}{s}$

indizierte Arbeit w_i in $\frac{kJ}{kg}$ isentrope Arbeit w_{is} in $\frac{kJ}{kg}$

mechanischer Wirkungsgrad $\eta_m = 0{,}85 - 0{,}95$
indizierter Wirkungsgrad η_i
effektiver Wirkungsgrad $\eta_e = \eta_m \cdot \eta_i$

Die Verflüssigungsleistung $\dot{Q}_c$ ergibt sich für offene Verdichter zu: $\dot{Q}_c = \dot{Q}_o + P_i$ oder
$\dot{Q}_c = \dot{m}_R + q_c = \dot{m}_R \cdot (h_2 - h_3')$ in kW; für hermetische oder halbhermetische Verdichter resultiert
$\dot{Q}_c$ aus: $\dot{Q}_o + P_{Kl}$ in kW mit P_{Kl} = Klemmenleistung aus den technischen Unterlagen der Hersteller

Wird für einen offenen Verdichter ein elektrischer Antriebsmotor bemessen, so ergibt sich das Übersetzungsverhältnis zu:

$$i = \frac{n_1}{n_2} = \frac{d_2}{d_1} \text{ mit } n_1 = \text{Drehzahl Elektromotor}$$

n_2 = Drehzahl Verdichter
d_1 = Scheibe Elektromotor
d_2 = Scheibe Verdichter

Berechnung des Durchmessers der Riemenscheibe des Elektromotors:

$$d_1 = \frac{n_2 \cdot d_2}{n_1} \text{ mit } d_1; d_2 \text{ in mm}$$

n_2 = Drehzahl Verdichter in min^{-1}
n_1 = Drehzahl Elektromotor in min^{-1}

$$x = 2{,}5 \cdot \frac{L}{100} \text{ mit L in m}$$

Riemenscheibe Schwungrad
Elektromotor offener Verdichter

DISCUS

D4DL* - 150X

DWM COPELAND
R 404A
R 507

Einstufiger halbhermetischer Motorverdichter mit Discusventilen	Single-Stage Accessible-Hermetic Motor-Compressor with Discus Valves	Moto-compresseur mono-étagé hermétique accessible avec clapets Discus	
max. zulässige Betriebsüberdrücke	max. working pressures	Pressions max. de service	ISO 5149
Hoch- / Niederdruck (Stillstand)	high- / low-pressure (standstill)	Haute / Basse pression (à l'arrêt)	25,0 / 20,5 bar
Zylinderzahl	number of cylinders	Nombre de cylindres	4
Nenndrehzahl (50 Hz / 60 Hz)	nominal speed (50 Hz / 60 Hz)	Vitesse nominale (50 Hz / 60 Hz)	1450 / 1750 min^{-1}
Bohrung Ø / Hub	bore Ø / stroke	Alésage Ø / Course	68,3 / 55,6 mm
Volumenstrom, theor. (50 Hz / 60 Hz)	displacement, theor. (50 Hz / 60 Hz)	Volume balayé, théor. (50 Hz / 60 Hz)	70,8 / 85,5 m^3/h
Überströmventil intern	internal pressure relief valve	Soupape de surintensité	
Differenz-Öffnungsdruck	differential opening pressure	Pression différentielle d'ouverture	30 bar ± 3 bar
Motorkühlung mit Sauggas	motor cooling by suction gas	Refroidissement du moteur par gaz aspiré	
Äußere Kühlung siehe Rückseite	external cooling see overleaf	Refroidissement extérieur voir au verso	28,5 m^3/min vert.
Schmierung durch Ölpumpe	lubrication by oil-pump	Lubrification par pompe à huile	
Ölmenge	oil charge	Quantité d'huile	3,6 l
Ölsorte (Ester)	grade of oil (Ester)	Huile (Ester)	Mobil EAL Arctic 22 CC ICI Emkarate RL32 CF
Öldruckschalter erforderlich	oil-pressure control necessary	Pressostat d'huile nécessaire	
Schutzart	enclosure class	Modes de protection	IP 54 (IEC 34)
Gewicht mit Lüfter (netto / brutto)	weight with fan (net / gross)	Poids avec ventilateur (net / brut)	205 / 221 kg

Volt (±10%)	~	Hz	Schaltung* Connection* Connexion*	Blockierter Rotorstrom (A) Locked Rotor Current (A) Courant rotor bloqué (A)	max. Betriebsstrom (A) Max. Operating Current (A) Intensité max. de fonction. (A)	Faktor Factor Facteur	Motorcode Motor Code Code du moteur
220 - 240	3	50	Δ	207 - 233	49,3	≈ 1,73	EWL
380 - 420	3	50	Y	120 - 135	28,5	1	EWL
380 - 420	3	50	Δ/Y-Start	123 - 138	28,5	1	EWM
220 - 240	3	50	YY/Y	213 - 238	49,3	≈ 1,73	AWR
380 - 420	3	50	YY/Y	125 - 140	28,5	1	AWM
500 - 550	3	50	YY/Y	94,0 - 105	21,7	≈ 0,76	AWY
220 - 240	3	60	Δ	282 - 308	59,9	≈ 2,1	EWK
380 - 420	3	60	Y	163 - 180	34,2	≈ 1,2	EWK
380 - 420	3	60	YY/Y	163	34,2	≈ 1,2	AWX
440 - 480	3	60	Δ/Y-Start	120 - 134	28,5	1	EWD
208 - 230	3	60	YY/Y	294 - 336	62,4	≈ 2,19	AWC
440 - 480	3	60	YY/Y	118 - 132	28,5	1	AWD

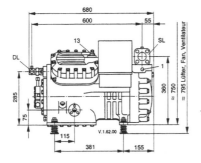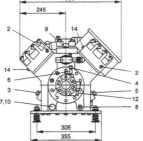

SL	Saugabsperrventil	(Löt)	SL	suction line size	(sweat)	SL	Soupape d'arrêt tube asp. (à braser)	Ø 1 5/8"
DL	Druckabsperrventil	(Löt)	DL	discharge line size	(sweat)	DL	Soupape d'arrêt tube ref. (à braser)	Ø 1 1/8"
1	Stopfen Saugseite		1	plug low-pressure connection		1	Bouchon côté aspiration	1/8" - 27 NPTF
2	Stopfen Druckseite		2	plug high-pressure connection		2	Bouchon côté refoulement	1/8" - 27 NPTF
3	Stopfen Ölfüllung		3	plug oil charge		3	Bouchon remplissage d'huile	1/4" - 18 NPTF
4	Anschluß Öldruckschalter H.D.		4	connection oil-pressure control H.P.		4	Raccord pressostat d'huile H.P.	Ø 1/4" ≈ 6 mm
5	Stopfen Öldruckschalter N.D.		5	plug oil-pressure control L.P.		5	Raccord pressostat d'huile B.P.	1/4" - 18 NPTF
6	Anschluß Öldruckmanometer		6	oil-pressure connection		6	Raccord de pression d'huile	7/16" - UNF Schrader V.
7	Ölfilter eingebaut		7	oil screen built-in		7	Filtre d'huile incorporé	X
8	Tauchhülse (Kurbelwannenheizer)		8	sleeve (crankcase heater)		8	Doigt de gant (résistance de carter)	1/2" - 14 NPSL
9	Stopfen Druckseite		9	plug high-pressure connection		9	Bouchon côté refoulement	1/8" - 27 NPTF
10	Magnetstopfen		10	magnetic plug		10	Bouchon magnétique	1" - 16 UN
11	Befestigungslöcher		11	base mountings		11	Trous de fixation	Ø 18 mm
12	Sensoranschluß / Sentronic		12	sensor connection / Sentronic		12	Raccord de Capteur / Sentronic	X
13	Stopfen Saugseite		13	plug low-pressure connection		13	Bouchon côté aspiration	3/8" - 18 NPTF
14	Stopfen Druckseite		14	plug high-pressure connection		14	Bouchon côté refoulement	1/8" - 27 NPTF
Schwingungsdämpfer:		Federn	mounting parts:		springs	Amortisseurs:	ressorts	
Motorseite:		gelb	motor end:		yellow	Côté moteur:	jaune	2
Verdichterseite:		grün	compressor end:		green	Côté compresseur:	vert	2

* YY/Y = Teilwicklungsstart   * YY/Y = part-winding-start   * YY/Y = Démarrage bobinage fractionné

6.2 Liefergrad und indizierter Wirkungsgrad von Ammoniak-Verdichtern

DWM COPELAND

R 404A
R 507

Sauggastemperatur:	25 °C	Suction Gas Temperature:	25 °C	Température gaz aspiré:	25 °C
Flüssigkeitsunterkühlung:	0 K	Liquid Subcooling:	0 K	Sous-refroidissem. du liquide:	0 K

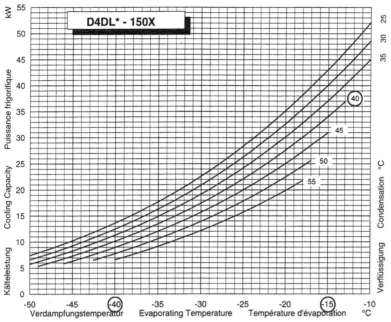

D4DL* - 150X

Einsatz nur mit Zusatz-belüftung ca. 28,5 m³ / min, vertikal

Operation only with additional vertical ventilation, approx. 28,5 m³/min

Utilisation avec ventilation supplémentaire (environ 28,5 m³ / min, vertical)

Watt (400V/3~/50Hz)	Kälteleistung Verdampfungstemperatur		Cooling Capacity Evaporating Temperature				Puissance frigorifique Température d'évaporation		
	°C	-50	-45	-40	-35	-30	-25	-20	-15	-10
Verflüssigungs-temperatur	25	7440	10230	13630	17720	22610	28400	35180	43050	52120
	30	6600	9265	12470	16320	20910	26330	32690	40080	48610
	35	5760	8295	11310	14910	19180	24240	30170	37080	45060
Condensing Temperature	40		7315	10140	13480	17450	22130	27630	34050	
	45		6340	8960	12050	15700	20010	25070	31000	
Température de condensation	50			7785	10610	13940	17870	22500		
	55			6605	9165	12170	15710	19900		

Watt (400V/3~/50Hz)	Leistungsaufnahme Verdampfungstemperatur		Power Input Evaporating Temperature				Puissance absorbée Température d'évaporation		
	°C	-50	-45	-40	-35	-30	-25	-20	-15	-10
Verflüssigungs-temperatur	25	5030	6050	7125	8225	9325	10400	11430	12390	13250
	30	5045	6135	7290	8485	9700	10900	12070	13190	14220
	35	5030	6185	7415	8705	10020	11350	12660	13920	15120
Condensing Temperature	40		6190	7500	8875	10300	11740	13180	14590	
	45		6165	7540	9000	10520	12070	13640	15200	
Température de condensation	50			7535	9075	10690	12350	14040		
	55			7495	9105	10810	12570	14380		

Ampère (400V/3~/50Hz)	Stromaufnahme Verdampfungstemperatur		Motor Current Evaporating Temperature				Intensité du courant Température d'évaporation		
	°C	-50	-45	-40	-35	-30	-25	-20	-15	-10
Verflüssigungs-temperatur	25	13,2	14,5	15,9	17,3	18,8	20,3	21,7	23,1	24,5
	30	13,3	14,6	16,1	17,6	19,3	21,0	22,7	24,4	26,0
	35	13,3	14,7	16,2	17,9	19,7	21,6	23,6	25,5	27,4
Condensing Temperature	40		14,7	16,3	18,2	20,1	22,2	24,4	26,6	
	45		14,6	16,4	18,3	20,4	22,7	25,1	27,5	
Température de condensation	50			16,4	18,4	20,7	23,1	25,7		
	55			16,3	18,5	20,9	23,5	26,2		

Faktor siehe Vorderseite   factor see overleaf   Facteur voir au verso
Vorläufige Daten   **preliminary data**   **Valeurs provisoires**

6.3 Zweistufige Verdichtung mit Flüssigkeitsunterkühlung

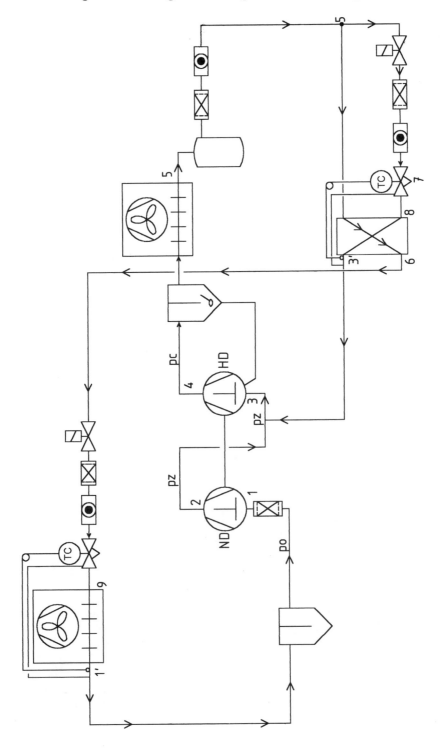

6.3 Zweistufige Verdichtung mit Flüssigkeitsunterkühlung

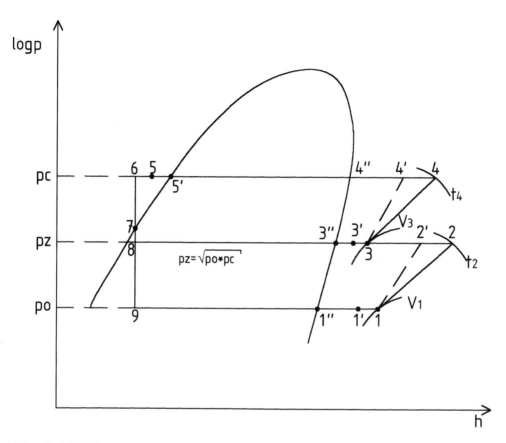

Kältemittel: R507

$t_o = -60\ °C$

$p_o = 0{,}502$ bar

$t_c = +40\ °C$

$p_c = 18{,}742$ bar

$p_z = 3{,}06$ bar   mit: $p_z = \sqrt{0{,}502 \cdot 18{,}742}$

Aufteilung Druckstufe ND: $\dfrac{p_z}{p_o} = \dfrac{3{,}06}{0{,}502} = 6{,}10$

Aufteilung Druckstufe HD: $\dfrac{p_c}{p_z} = \dfrac{18{,}742}{3{,}06} = 6{,}12$

Verdichterauslegung: 2-stufige halbhermetische Hubkolbenverdichter

Vorgabewerte		Einsatzgrenzen
Kälteleistung [kW]	6	
Kältemittel	R507	
Verdampfung [°C]	− 60	
Verflüssigung [°C] mit Unterkühler	40	
Sauggastemp. [°C]	20	
Netzversorgung	50Hz (400V)	
Nutzbare Überhitzung [K]	100 %	

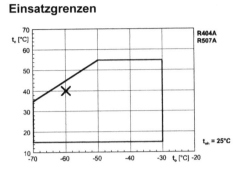

Ergebnis

Verdichtertyp	Bitzer **S6J-16.2Y**	
Kälteleistung	6.57 kW	
Kälteleistung*	6.64 kW	* bei t_{oh} = 25 °C
Verdampferleist.	6.57 kW	
Leist.aufnahme	7.24 kW	
Strom	13.95 A	

6.3 Zweistufige Verdichtung mit Flüssigkeitsunterkühlung

Datenblatt: S6J-16.2Y

Maße und Anschlüsse

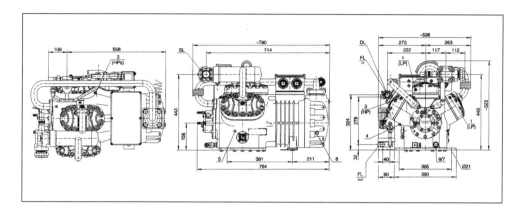

Technische Daten

Fördervolumen ND/HD (1450/min)	63.50 / 31.80 m³/h
Fördervolumen ND/HD (1750/min)	76.64/38.38 m³/h
Zylinderzahl x Bohrung ND/HD x Hub	6 x 65/65 mm x 55 mm
Motorspannung (weitere auf Anfrage)	400V-3-50Hz
Max. Betriebsstrom	31.0 A
Anlaufstrom (Rotor blockiert)	81.0 A Y / 132.0 A YY
Gewicht	209 kg
Max. Überdruck (ND/MD/HD)	19 / 19 / 28 bar
Anschluss Saugleitung	42 mm – 1 5/8"
Anschluss Druckleitung	35 mm – 1 3/8"
Ölfüllung R 404A/R507A	BSE32 (Option)
Ölfüllung R22	B5.2 (Standard)
Ölfüllmenge	4.75 dm3
Ölsumpfheizung	140 W (Option)
Öldrucküberwachung	MP54 (Option)
Ölserviceventil	Option
Druckgasüberhitzungsschutz	Option
Motorschutz	INT69VS (Standard), INT389 (Option)
Schutzklasse	IP54 (Standard), IP66 (Option)
Dämpfungselemente	Standard
Nacheinspritzventil	Standard
CIC (anstatt Nacheinspritzv.)	Option
Schauglas	Standard
Filtertrockner	Standard
Magnetventil	Standard
Flüssigkeitsunterkühler (auch montiert)	Option

7 Tabellen zur Berechnung des Kältebedarfs

7.1 Wärmeleitkoeffizient λ verschiedener Baustoffe

Baustoff	Dichte ϱ kg/m³	λ W/m K
Asbestschiefer	1900	0,35
Asphalt	2000	0,70
Beton (Kiesbeton, Stahlbeton)	1600 ... 1800	0,75 ... 0,95
	1800 ... 2200	0,95 ... 1,50
Leichbetonmauerwerk	800	0,47
(Schlackensteine, Zellenbeton, Aerocret,	1000	0,56
Porenbeton u. ä.)	1200	0,65
	1400	0,74
	1600	0,81
Leichtbeton in Platten oder gegossen	800	0,31
	1000	0,42
	1200	0,53
	1600	0,81
Bimsbeton, gestampft	800	0,37
	1000	0,50
	1200	0,63
Bimsbetonsteinmauerwerk	800	0,51
	1000	0,62
Bimsbetondielen	800	0,37
	1000	0,51
	1200	0,63
Bimskies als Füllstoff	600	0,33
Bitumen	1100	0,17
Dachpappe	1000 ... 1200	0,14 ... 0,35
Erdreich, trocken	1000 ... 0,58	0,17 ... 0,58
Erdreich, 10% Feuchte	1000 ... 2000	0,50 ... 2,10
Erdreich, 20% Feuchte	1000 ... 2000	0,80 ... 2,60
Fliesen und Kacheln	2000	1,05
Gipsplatten	800	0,31
Glas (Fensterglas)	2400	0,58
Granit	2600 ... 2900	2,90 ... 4,10
Gummibelag	1000	0,2
Hartpappe	790	0,15
Holz, senkrecht zur Faser		
Leichtholz (Balsa	200 ... 300	0,08 ... 0,10
Fichte, Kiefer, Tanne	400 ... 600	0,12 ... 0,16
Buche, Eiche	700 ... 900	0,16 ... 0,21
Holzfaserplatten	200	0,05
(Celotex, Kapag u. ä)	300	0,06
Holzfaserhartplatten	900	0,17
Holzspanplatten	900	0,17
Holzzement		0,17
Kalkmörtel		0,17
Kalksandstein	1600	0,81
Kalkstein, (amorph)	2550	1,22
Kesselschlacke	700 ... 750	0,33
Kies als Füllstoff	1500 ... 1800	0,93
Korkmentlinoleum	535	0,08
Kunststoffbelag	1500	0,23
Leder	1000	0,17
Lehmstampfwände	1700	0,99
Linoleum	1200	0,19

7.1 Wärmeleitkoeffizient λ verschiedener Baustoffe

Wärmeleitkoeffizient λ verschiedener Baustoffe (Fortsetzung)

Baustoff	Dichte ϱ kg/m³	λ W/m K
Marmor	2500 ... 2800	2,10 ... 3,50
Mörtel bei Ziegeln	1600 ... 1800	0,70 ... 0,93
Mörtel bei Leichtbetonstein	1600 ... 1800	0,93 ... 1,16
Muschelkalk	2680	2,44
Leichtbauplatten aus min. Holzwolle,	200	0,06
wie Heraklith, Tekton u. ä.	400	0,08
	600	0,13
Rabitz (Drahtputz)		1,40
Rigips	500	0,21
Sand im Mittel	1500 ... 1800	0,93
Seesand 0% Feuchte	1600	0,31
10% Feuchte		1,24
20% Feuchte		1,76
gesättigt		2,44
normal verunreinigter Sand,		
0% Feuchte		0,33
10% Feuchte		0,97
20% Feuchte		1,33
gesättigt		1,88
Sägemehl, lufttrocken	190 ... 215	0,06 ... 0,07
Sägemehl als Füllstoff	190 ... 215	0,12
Sandstein	2200 ... 2500	1,60 ... 2,10
Schamotte bei 500 °C	1800 ... 2200	1,05 ... 1,28
Schamotte bei 1000 °C	1800 ... 2200	1,16 ... 1,40
Schiefer ⊥	2700	1,50 ... 2,00
Schiefer ∥	2700	2,30 ... 3,40
Schlacke als Füllung		
Hochofenschlacke	300 ... 400	0,22
Kesselschlacke	700 ... 750	0,33
Schlackenbetonsteine im Mauerwerk	1100 ... 1300	0,60 ... 0,80
Schwemmsteine im Mauerwerk, auch	800	0,47
Zellenbeton, Porenbeton u. a.	1000	0,56
	1200	0,65
	1400	0,74
Silika bei 500 °C	1800 ... 2200	1,05 ... 1,28
Silika bei 1000 °C	1800 ... 2200	1,10 ... 1,40
Sperrholz	600	0,13
Steinholz	1800	0,17
Steinzeug	2200 ... 2500	1,05 ... 1,57
Terrazzo	2200	1,40
Vermiaclit	–	0,09
Verputz außen	1600 ... 1800	0,93 ... 1,16
Verputz innen	1600 ... 1800	0,70 ... 0,93
Zement, gepulvert		0,07
Zement, abgebunden		1,05
Zementestrich	2000	1,40
Zementmörtel	–	1,40
Ziegelstein, trocken	1600 ... 1800	0,38 ... 0,52
Ziegelmauerwerk, massiv, innen	1600 ... 1800	0,70
außen	1600 ... 1800	0,87
Ziegelmauerwerk porös, außen	800	0,40
	1200	0,56
Ziegelmauerwerk, Hohlziegel	800	0,35 ... 0,52
	1600	0,52 ... 0,76

7.2 Klimatische Werte — Raumklima, Industrieanlagen

Industriezweig	Art des Betriebes	Temperatur °C	relative Feuchte %
Bäckerei	Mehllager	15 ... 25	50 ... 60
	Hefelager	0 ... 5	60 ... 75
	Teigherstellung	23 ... 25	50 ... 60
	Zuckerlager	25	35
Bibliotheken	Bücherlager	21 ... 25	40 ... 50
	Lesesäle	21 ... 25	35 ... 55
Brauerei	Gärraum	4 ... 8	60 ... 85
	Malztenne	10 ... 15	80 ... 85
Druckerei	Papierlagerung	10 ... 26	50 ... 60
	Drucken	22 ... 26	45 ... 60
	Mehrfarbendruck	24 ... 28	45 ... 50
	Photodruck	21 ... 23	60
	alle weiteren Arbeiten	21 ... 23	50 ... 60
Elektroindustrie	allgemeine Fabrikation	21	50 ... 55
	Fabrikation von Thermo- und Hygrostaten	24	50 ... 55
	Fabrikation mit kleinen Toleranzen	22	40 ... 45
	Fabrikation von Isolierungen	24	65 ... 70
Gummiindustrie	Lagerung	16 ... 24	40 ... 50
	Fabrikation	31 ... 33	—
	Vulkanisation	26 ... 28	25 ... 30
	chirurgisches Material	24 ... 33	25 ... 30
keramische Industrie	Lagerung	16 ... 26	35 ... 65
	Herstellung	26 ... 28	60 ... 70
	Verzierungen	24 ... 26	45 ... 50
Linoleumindustrie	Oxydation des Leinöls	32 ... 38	20 ... 28
	Bedrucken	26 ... 28	30 ... 50
mechanische Industrie	Büros, Zusammensetzung, Montage	20 ... 24	35 ... 55
	Präzisionsmontage	22 ... 24	40 ... 50
Museen	Gemälde	18 ... 24	40 ... 55
Papierindustrie	Papiermaschinenraum	22 ... 30	—
	Papierlager	20 ... 24	40 ... 50
Pharmazeut. Industrie	Lagerung der Vorprodukte	21 ... 27	30 ... 40
	Fabrikation von Tabletten	21 ... 27	35 ... 50
photographische Industrie	Fabrikation normaler Filme	20 ... 24	40 ... 65
	Fabrikation von Sicherheitsfilmen	15 ... 20	45 ... 50
	Bearbeitung von Filmen	20 ... 24	40 ... 60
Pelze	Lagerung	5 ... 10	50 ... 60
Pilzplantage	Wachstumsperiode	10 ... 18	—
	Lagerung	0 ... 2	80 ... 85
Streichhölzer	Herstellung	18 ... 22	50
	Lagerung	15	50

Klimatische Werte
Raumklima, Industrieanlagen (Fortsetzung)

Industriezweig	Art des Betriebes	Temperatur °C	relative Feuchte %
Süßwarenindustrie	Lagerung (trockene Früchte)	10 ... 13	50
	Weichbonbons	21 ... 24	45
	Herstellung von Hartbonbons	24 ... 26	30 ... 40
	Verpackung von Hartbonbons	24 ... 26	40 ... 45
	Herstellung von Schokolade	15 ... 18	50 ... 55
	Umhüllen von Schokolade	24 ... 27	55 ... 60
	Verpackung von Schokolade	18	55
	Lagerung von Schokolade	18 ... 21	60 ... 65
	Keks- u. Waffelherstellung	18 ... 20	50
Tabakindustrie	Lagerung des Rohtabaks	21 ... 23	60 ... 65
	Vorbereitung	22 ... 26	75 ... 85
	Zigaretten-, Zigarrenfabrikation	21 ... 24	55 ... 65
	Verpackung	23	65
Textilindustrie	Baumwolle		
	Batteur	22 ... 25	40 ... 50
	Carderie	22 ... 25	45 ... 55
	Kämmerei	22 ... 25	55 ... 65
	Strecke	22 ... 25	50 ... 55
	Flyer	22 ... 25	50 ... 55
	Ringspinnmaschine	22 ... 25	55 ... 65
	Spulerei, Zwirnerei, Scheren		
	und Aufziehen der Kette	22 ... 25	60 ... 70
	Webraum	22 ... 25	70 ... 80
	Konditionieren von Garn		
	und Gewebe	22 ... 25	90 ... 95
	Leinen		
	Vorbereitung	18 ... 20	80
	Carderie	20 ... 25	50 ... 60
	Spinnerei	24 ... 27	60 ... 70
	Weberei	27	80

7.3 Spezifische Wärmekapazität verschiedener Flüssigkeiten:

		kJ/kg · K
Äther	bei +20 °C	2,32
Äthylalkohol	bei 0 °C	2,29
Äthylalkohol	bei +40	2,71
Methylalkohol	bei +10	2,47
Methylalkohol	bei +18	2,52
Benzol	bei +10	1,42
Benzol	bei +40	1,77
Benzol	bei +66	2,02
Bier	bei +20	3,77
Glycerin	bei +15/50	2,41
Gummimasse	bei +20	3,43
Leimmasse	bei +20	4,19
Maschinenöl		1,67
Olivenöl	bei + 6	1,97
Petroleum	bei +20/57	2,14
Rizinusöl	bei +20	1,82
Sauerstoff		1,45
Schwefelsäure	bei +20	1,39
Seewasser-		
0,5% Salzgehalt	bei +18	4,10
3,0% Salzgehalt	bei +18	3,93
6,0% Salzgehalt	bei +18	3,78
Stickstoff		1,80
Terpentin	bei 0	1,72
Terpentin	bei +20	1,80
Wasser	bei +13	4,19
Würze	bei +20	3,81

7.4 Lagerung von Kühlgut

Kühlgut	Lager-temp. °C	relative Feucht. %	Lagerdauer	höchster Gefrierpunkt °C	spez. Wärmekapazität vor dem Erstarren kJ/kg K	spez. Wärmekapazität nach dem Erstarren kJ/kg K	Erstarrungswärme kJ/kg	Atmungswärme kJ/kg d	Bemerkungen
Fleisch- und Fleischerzeugnisse									
Speck – frisch	+1/–4	85	2 – 6 Wo						
– gefroren	–18	90–95	4 – 6 Mo	–2	1,53	1,1	68		
Beefsteak – frisch	0/–1	88–92	1 – 6 Wo						
– gefroren	–18	90–95		–2	3,2	1,67	231		
Schinken – frisch	0/+1	85–90	7–12 Ta						
– gefroren	–18	90–95	6 – 8 Mo	–2	2,53	1,46	167		
Lamm – frisch	0/+1	85–90	5–12 Ta						
– gefroren	–18	90–95	8–10 Mo	–2	3,0	1,86	216		
Schweineschmalz	+7	90–95	4 – 8 Mo						
			12–14 Mo		2,09	1,42	210		
Leber – gefroren	–18	90–95	3 – 4 Mo	–2					
Schweinefl. – frisch	0/+1	85–90	3 – 7 Ta						
– gefroren	–18	90–95			2,13	1,3	128		
Geflügel – frisch	0	85–90	1 Wo						
– gefroren	–18	90–95	8–12 Mo	–2,7	3,3	1,76	246		
Kaninchen – frisch	0/+1	90–95	1 – 5 Ta						
– gefroren	–18	90–95	0 – 6 Mo	–2,7	3,1	1,67	228		
Wurst – frisch	0/+1	85–90	3–12 Ta						
– gefroren	–18	90–95	2 – 6 Mo	–2	3,72	2,34	216		
Kalbfleisch – frisch	0/+1	90–95	5–10 Ta						
– gefroren	–18	90–95	8–10 Mo	–2	3,08	1,67	223		
Fische									
Fische – frisch	+0,6/+2	90–95	5–15 Ta	–2,2	3,26	1,74	245		
– geräuchert	+4/+10	50–60	6 – 8 Mo	–2,2	2,93	1,63	213		
– gepökelt	–2/–1	75–90	4 – 8 Mo	–2,2	3,18	1,72	232		
– gefroren	–18	90–95	6–12 Mo	–2,2		1,74	245		
Fische – frisch	+4/+10	90–95	10–12 Mo	–2,2	3,18	1,72	232		
Muscheln – frisch	–1/–0,5	85–95	3 – 7 Ta		3,62		277		
– gefroren	–18 bis –29	90–95	3 – 8 Mo	–2,2		1,88	277		

Lagerung von Kühlgut (Fortsetzung)

Kühlgut	Lager- temp. °C	relative Feucht. %	Lagerdauer	höchster Gefrier- punkt °C	spez. Wärme- kapazität vor dem Erstarren kJ/kg K	spez. Wärme- kapazität nach dem Erstarren kJ/kg K	Erstar- rungs- wärme kJ/kg	Atmungs- wärme kJ/kg d	Bemerkungen
Gemüse									
Artischocke	−1/0	90−95	1− 2 Wo	+1	3,64	1,88	280	11,1	hochempfindlich
Spargel	0/+2	95	2− 3 Wo	−0,5	3,94	2,00	312	11,6	
Grüne Bohnen	+4/+7	90−95	7−10 Ta	−0,7	3,81	1,97	298	3,1	weniger empfindlich
Rote Rüben	0	95	3− 5 Mo	−1	3,77	1,92	293	8,7	
Spargelkohl	0	90−95	10−14 Ta	−0,6	3,85	1,97	302	6,7	
Rosenkohl	0	90−95	3− 5 Wo	−0,8	3,68	1,93	284	1,4	
Kohl	0	90−95	3− 4 Mo	−0,9	3,94	1,97	307	2,4	
Mohrrübe	0	90−95	4− 5 Mo	−1,4	3,76	1,93	293	4,5	weniger empfindlich
Blumenkohl	0	90−95	2− 4 Wo	−0,8	3,89	1,97	307	1,9	hochempfindlich
Sellerie	0	90−95	2− 3 Mo	−0,5	3,98	2,0	314	10,8	
Mais	0	90−95	4− 8 Ta	−0,5	3,31	1,76	246		
Gurken	+7/+10	90−95	10−14 Ta	−0,5	4,06	2,05	319		weniger empfindlich
Endivie	0	90−95	2− 3 Wo	−0,6	3,94	2,0	307	3,9	
Knoblauch − trocken	0	65−70	6− 7 Mo	−0,8	2,89	1,67	207	1,5	
Lauch	0	90−95	1−3 Mo	−0,7	3,68	1,93	293	1,2	
Salat	0	95	2− 3 Wo	−0,1	4,02	2,0	316		
Melone	+2/+4	85−90	5−15 Ta	−1,1	3,89	2,0	307	7,2	
Honigmelone	+7/+10	85−90	3− 4 Wo	−0,9	3,94	2,0	307	1,0	
Wassermelone	+4/+10	80−85	2− 3 Wo	−0,4	4,06	2,0	307	1,0	
Champignons	0	90	3− 4 Ta	−0,9	3,89	1,97	302	9,6	wenig empfindlich
Oliven − frisch	+7/+10	85−90	4− 6 Wo	−1,5	3,35	1,76	251	3,14	wenig empfindlich
Zwiebel	0	65−70	1− 8 Mo	−0,8	3,77	1,93	288	3,0	hochempfindlich
Erbsen	0	90−95	1− 3 Wo	−0,6	3,31	1,76	246	1,8	
Pfeffer	+7/+10	90−95	2− 3 Wo	−0,7	3,94	1,97	307		
Frühkartoffeln	+10/+13	90		−0,6	3,56	1,84	270		
Spätkartoffeln	+3/+10	90		−0,9	3,43	1,80	258		
Rhabarber	0	95	2− 4 Wo	−0,9	4,02	2,0	312	11,1	hochempfindlich
Spinat	0	90−95	10−14 Ta	−0,3	3,94	2,0	307	7,2	
Tomaten − unreife	+13/+21	85−90	1− 3 Wo	−0,5	3,98	2,0	312	4,3	
− reife	+7/+10	85−90	4− 7 Ta	−0,5	3,94	2,0	321	2,2	
Weißrübe	0	90−95	4− 5 Mo	−1,0	3,89	1,97	302		

7.4 Lagerung von Kühlgut

Lagerung von Kühlgut (Fortsetzung)

Kühlgut	Lager-temp. °C	relative Feucht. %	Lagerdauer	höchster Gefrierpunkt °C	spez. Wärmekapazität vor dem Erstarren kJ/kg K	spez. Wärmekapazität nach dem Erstarren kJ/kg K	Erstarrungswärme kJ/kg	Atmungswärme kJ/kg d	Bemerkungen
Molkereierzeugnisse									
Butter	0/+4	80–85	2 Mo	−5,6	1,38	1,05	53		
Butter – gefroren	−18	70–85	8–12 Mo	−5,6	1,38	1,05	53		
Käse	−1/−2	65–70		−1,7	2,10	1,30	126		
Sahne	−18	–	2–3 Mo		3,27	1,76	242		
Speiseeis	−18	–	1–2 Mo		2,93	1,63	207		
Milch – pasteurisiert	+0,6	–	7 Ta	−0,6	3,77	2,51	290		
– kondensiert	+4	–	mehrere Mo		1,75	–	93		
– ultrahocherhitzt	Raumtemp.	–	1 Ja		3,01	–	246		
Vollmilch	+7/+13	niedrig	wenige Mo		0,92	–	9,3		
Magermilch	+7/+13	niedrig	mehrere Mo		0,92	–	9,3		
Eier – gekocht	−2/0	85–90	5–6	−2,2	3,05	–	223		
– frische	0	–	1 Ja	−2,2		1,76	246		
Obst									
Äpfel	−1/−3	90	1–6 Mo	−1,5	3,64	1,88	281	1,92	
Aprikosen	−0,6/0	90	1–2 Wo	−1,0	3,68	1,92	284		
Avocado	+7/+13	85–90	2–4 Wo	−0,3	3,01	1,67	219	25,6	hochempfindlich
Bananen	+13/+15	90	5–10 Ta	−0,8	3,35	1,76	251		hochempfindlich
schwarze Beeren	−0,6/0	95	3 Ta	−0,8	3,68	1,92	284		
Kirschen	−0,6/0	90–95	2–3 Wo	−1,8	3,64	1,88	280	1,8	
Kokosnuß	0/+2	80–85	1–2 Mo	−0,8	2,43	1,42	156		
Preiselbeeren	+2/+4	90–95	2–4 Mo	−0,8	3,77	1,93	288	1,1	wenig empfindlich
Johannisbeeren	−0,6/0	90–95	10–14 Ta	−1,0	3,68	1,88	280		
Datteln – getrocknet	−18 od. 0	unter 75	6–12 Mo	−15,7	1,51	1,08	67		
Feigen – getrocknet	0/+4	50–60	9–12 Mo		1,63	1,13	80		
Stachelbeeren	−0,5/0	90–95	2–4 Wo	−1,1	3,77	1,93	293	3,6	wenig empfindlich
Pampelmuse	+10/+16	85–90	4–6 Wo	−1,1	3,81	1,93	293	0,4	wenig empfindlich
Weintrauben	−1/0	85–90	1–6 Mo	−2,2	3,60	1,84	270	4,24	hochempfindlich
Zitronen	+14/+16	86–88	1–6 Mo	−1,4	3,81	1,93	295	1,68	wenig empfindlich
Orangen	0/+9	85–90	3–12 Wo	−0,8	3,77	1,92	288		

Lagerung von Kühlgut (Fortsetzung)

Kühlgut	Lager-temp. °C	relative Feucht. %	Lagerdauer	höchster Gefrier-punkt °C	spez. Wärme-kapazität vor dem Erstarren kJ/kg K	spez. Wärme-kapazität nach dem Erstarren kJ/kg K	Erstar-rungs-wärme kJ/kg	Atmungs-wärme kJ/kg d	Bemerkungen
Pfirsiche	−0,5/0	90	2− 4 Wo	−0,9	3,77	1,92	288	1,34	wenig empfindlich
Birnen	−1,7/−1	90−95	2− 7 Wo	−1,5	3,60	1,88	274	0,93	wenig empfindlich
Ananas unreife	+10/+13	85−90	3− 4 Wo	−1,0	3,68	1,88	283		
− reife	+7,2	85−90	2− 4 Wo	−1,1	3,68	1,88	283		wenig empfindlich
Pflaumen	−0,5/0	90−95	2− 4 Wo	−0,8	3,68	1,88	274	0,64	
Himbeeren	−0,5/0	90−95	2− 3 Ta	−0,6	3,56	1,86	284	5,47	
Erdbeeren	−0,5/0	90−95	5− 7 Ta	−0,8	3,85	1,76	300	3,78	
Mandarinen	0/+3	85−90	2− 4 Wo	−1,0	3,77	1,93	290		
Verschiedene Lebensmittel									
Bier	+12	−	3− 6 Wo	−2,2	3,85	1,42	300		
Brot	−18		4− 6 Mo		2,93	1,10	115		
Honig	unter +10		1 Ja		1,46		60		
Hopfen	−1,6/0	50−60	mehrere Mo						
Eis	−4	80	−			1,29			
Pilze	+1,1	75−80	8 Mo						
Samenkörner	0/+4	75−80	2 Wo						
Pflanzen	0/+2	85−90	3− 6 Mo						
Salatöl	+2,0		1 Ja						
Margarine	+2,0	60−70	1 Ja		1,34	1,05	51		

Gefrierpunkte von Lebensmitteln und Blumen in °C

1. Fleisch	−1,0	Gurken	− 0,84
Blut	−0,55	Kartoffeln	− 1,71
		Karotten	− 1,35
2. Fische		Knoblauch	− 3,7
Aale, Schollen	−0,95	Kohl	− 0,42
Austern, Hummer	−2,0	Kohlrabi	− 1,10
Blaufisch	−1,0	Mais	− 1,70
Kabeljau	−1,05	Meerrettich	− 3,1
Rochen	−1,95 bis −2,05	Netzmelonen	− 1,66 bis −1,95
Schellfisch	−1,0	Oliven	− 1,06
Steinbutt, Heilbutt	−0,9	Pilze	− 1,0
		Rhabarber	− 2,0
3. Eier		Salat	− 0,45
Eigelb	−0,54	Sellerie	− 1,07
Eiweiß	−0,45	Spargel	− 1,22
		Spinat	− 0,75
4. Milch		Steckrüben	− 1,0
abhängig von der Verwässerung unverfälscht, frisch	−0,56 bis −0,53	Tomaten	− 0,90
		Wassermelonen	− 1,55 bis −1,8
bei einem Gefrierpunkt von −0,52 beträgt die zugesetzte Wassermenge 5%, bei −0,466 beträgt sie 15%		Zwiebeln	− 1,66 bis −1,95
		7. Blumen	
		Efeu	− 22,3
pasteurisiert	−0,57	Lilien: Blüten	− 2,5
		Blätter	− 1,5
5. Früchte		Moose	− 14 bis −19,0
Äpfel	−2,0	Päonien: Blüten	− 1,64
Apfelsinen	−2,23	Blätter	− 2,01
Bananen		Pfingstrosen	− 2,2
grün: Schale	−1,21	Oleander	− 5,0
Fleisch	−1,0	Rhododendron	−23,0
reif: Schale	−1,48	Rosen: Blüten	− 1,09
Fleisch	−3,37	Blätter	− 2,07
Birnen	−2,2 bis −2,8	Schnittblumen	− 1,0 bis −2,0
Brombeeren	−1,60	Tulpenzwiebeln	− 3,0
Erdbeeren	−1,16	Veilchen	− 9,0
Himbeeren	−0,88		
Johannisbeeren	−1,00	8. Weine und Liköre	
Kastanien	−4,60		Alk.-gehalt Gew. %
Kirschen	−2,35		
Pampelmusen	−2,0	gewöhnl. Rotwein	6,6 − 2,7
Pfirsiche	−1,45	gewöhnl. Weißwein	7,0 − 3,0
Pflaumen	−1,95	Beaujolais	10,3 − 4,4
Preiselbeeren	−2,97	Champagner	10,0 − 4,2
Stachelbeeren	−1,73	Bordeaux	11,8 − 5,2
Walnüsse	−6,5	Sherry, Portwein	17,5 − 9,0
Weintrauben	−2,15	Marsala	20,7 −10,1
Zitronen	−2,16	Chartreuse	32,0 −23,0
		Whisky	37,0 −28,0
6. Gemüse		Curacao	42,0 −32,5
Artischocken	−1,22		
Blumenkohl	−1,06		
Brechbohnen	−1,25		
Erbsen, grün	−1,09		

Lagerbedingungen weiterer Kühlgüter

Kühlgut	Temperatur °C	rel. Luftfeuchte %
Pflanzen und Blumen		
Erdbeerpflanzen	−2/−3	85
Flieder und Maiblumen	−4/−6	80
Lilien und Gladiolen	−4	80
Rosen	−1/−3	90
Treibsträucher	−1/−3	−
Funkia, Spirea	−4/−6	−
Hortensia	−2/−3	−
Tabak, gegen tier. Eindringlinge	−4/−10	−
Schnittblumen	+2	85
Farnkräuter	−2	−
Heckenrosen	0	−
Pelz- und Wollwaren		
Seidenzucht-Kokons, lebend gelagert	0/+4	−
Seidenzucht-Kokons, abtöten	−15/−20	−
Schmuckfedern	−2/+2	−
Pelzwaren	−2/+2	90
Wollwaren	+2/+5	80
Häute	+1/+2	95
Brot, Mehl und anderes		
Brot	+8/+10	−
Brot (Verm. von altbacken werden)	−25/−30	−
Mehl	+2/+4	−
Honig	+7/+10	−
Teigwaren	+8/+10	−
Fertige Backwaren	+6/+8	−
Schokoladen-Lagerraum	+4/+6	−
Haferflocken, Reis, Buchweizen	+6/+6	−
Getreide, trocken; Anhorn-Sirup	+7/+7	−
Weine und Säfte		
Rhein- und Mosel-Wein	+6/+10	−
Bordeaux- und Burgunder-Weine	+10/+14	−
Schwere Weine	+10/+18	−
Apfelwein	0/+1	−
Traubenmost	0/+1	90
Sirup	+7	−
Schnäpse	+3	−
Verschiedenes		
Restaurationskühlräume	+2/+4	80−85
Schauvitrinen	+6/+8	−
Eiskrem-Härteraum	−25/−30	−
Kunsteis-Lagerraum	−4/−6	−
Speiseeis-Konservator	−8/−12	−
Künstlicher Eisbahnraum	+15	−
Künstliche Eisbahn, Eis selbst	−5	−
Kriegsschiffe, Munitionsraum	+30/+38	−
Leichen-Entkleideraum	+10	−
Leichen-Pritschenraum	−5	−
Leichen-Gefrierzellen	−20	−
Leichen-Schauzellen	−5/0	−
Bücher in Bibliotheken	+18/+24	55−65
Filme	−8	−
Filmpapier	+8	−
Zigarren	+20/+22	60−70

7.4 Lagerung von Kühlgut

Transport-Temperaturen

Lebensmittel	Beförderungs-temperatur °C	zulässige Temperaturerhöhung K
Tiefgefroren		
Eiskrem	−26	3
Konzentrierte Fruchtsäfte	−20	3
Fisch	−18	3
sonstige Lebensmittel	−18	3
Gefroren		
Butter	−14	3
Fette	−14	3
Frische Schlachtnebenprodukte	−12	3
Geflügel	−12	3
Wild	−12	3
Eigelb	−12	3
Fleisch	−10	3
sonstige Lebensmittel	−10	3
Gekühlt		
Frische Schlachtnebenprodukte	+ 3	
Butter	+ 6	
Wild	+ 4	
Milch frisch oder pasteurisiert	+ 4	
Industriemilch	+ 6	
Milcherzeugnisse	+ 4	
Fisch	+ 2	
Fleischerzeugnisse	+ 6	
Fleisch	+ 7	
Geflügel	+ 4	
Kaninchen	+ 4	

Schlachtgewichte verschiedener Tiere

Rinder	250 − 370 kg	Schafe	25 − 35	kg
Bullen	350 − 530 kg	Rehe	10 − 14	kg
Ochsenviertel	70 − 90 kg	Rebhühner	0,25 − 0,35	kg
Schweine	80 − 100 kg	Fasanen	0,75 − 1	kg
Sauen	200 − 250 kg	Hasen	3 − 4	kg
Kälber	45 kg	Gänse	5 − 6	kg

Gewicht der Innereien von Rindern

Kopf	ca. 10 kg	Milz	ca. 1 kg
Zunge	ca. 1 kg	Herz	ca. 2 kg
Lunge	ca. 5 kg	Schlund	ca. 1 kg
Leber	ca. 7 kg		ca. 27 kg

Belegungsmassen m_B von Kühlgütern

Kühlgut	m_B kg/m³	Verpackung	Kühlgut	m_B kg/m³	Verpackung
Äpfel	350	Kisten	Kohl	440	Expresso
Apfelsinen	400	Kisten	Kremtorte	70	Schacht.
Bananen	250	Bündel	Möhren, gewürfelt	420	Expresso
	300	Kartons	Mandeln, geschält	500	Säcke
Bier	600	Fässer	Mandeln, unge-		
	650	Kisten	schält	350	Säcke
Bohnen	600	Säcke	Mehl	700	Säcke
	700	lose	Milch	800	Kisten
Brot	250	lose	Muscheln	400	Körbe
Butter	650	Fässer	Öl	650	Fässer
	1000	Kartons	Pfeffer	400	Säcke
Därme	500	Fässer	Pflaumen, ge-		
Eier	350	Kisten	trocknet	600	Kisten
Eigelb	600	Fässer		800	lose
Eigelb, gefroren	1000	Dosen	Reis	700	Säcke
Erbsen	700	Säcke	Rosinen	600	Kisten
Erdnüsse, geschält	400	Säcke	Rüben	600	lose
Erdnüsse, unge-			Rum	550	Fässer
schält	250	Säcke	Schmalz	550	Kübel
Fett	900	Kisten	Sojabohnen	800	Säcke
Fisch, in Lake	350	Fässer	Speck, gesalzen	650	Fässer
Heringe	800	Fässer	Südfrüchte	350	Kisten
Klippfisch	600	Kisten	Tabak	350	Fässer
Sardinen	900	Fässer		250	Ballen
Fleisch, gefroren	400	lose	Talg	500	Fässer
Rindfleisch			Wein	400	Fässer
Rinderviertel	300	lose		650	Kisten
Hammelfeisch	300	lose	Zucker	750	Säcke
Schweinefleisch	350	lose	Zwiebeln	450	Säcke
Fleisch, gekühlt,					
hängend	350	lose	Gefrierkonserven		
gesalzen	650	Büchsen	Beeren	450	Expresso
getrocknet	650	Ballen	Blechkuchen	240	Kartons
Getreide	650	lose			mit Folie
Honig	900	Fässer	Blumenkohl	330	Expresso
Kaffee, geschält	500	Säcke	Bohnen, grün	370	Expresso
Kaffee, ungeschält	450	Säcke	Desserts	155	Kartons
Kakao	450	Säcke			mit Folie
Kartoffeln	700	lose	Erbsen, grün	440	Expresso
	400	Säcke	Fertiggerichte	175	Assietten,
Käse	500	Kisten			3teilig
Linsen	600	Säcke		325	Assietten,
Mais	700	Säcke			1teilig
Makkaroni	200	Kisten	Gurken in Scheiben	500	Expresso
Malz	400	Fässer	Kleingebäck	100	Beutel
	650	Säcke	Kohl	610	Expresso
Mandarinen	450	Kisten	Spinat	610	Expresso

7.4 Lagerung von Kühlgut

Belegungskoeffizienten η_B unter Berücksichtigung von Kontrollgängen, Wand- und Palettenabständen

Lagerungsart	η_B
Gekühlte Güter (Langlagerung, palettisiert)	0,65 ... 0,7
Gekühlte Güter (Sortimentslagerung, palettisiert)	0,45 ... 0,5
Gefrierkonserven (Langlagerung, palettisiert)	0,75 ... 0,8
Gefrierkonserven (Sortimentslagerung, palettisiert)	0,5 ... 0,6

Aus den angegebenen Belegungsmassen m_B von Kühlgütern sowie den Belegungskoeffizienten η_B lassen sich die tatsächlich in einem Kühlraum gelagerten Massen praktisch leicht berechnen:

$$m = A_B \cdot H_{St} \cdot m_B \cdot \eta_B \text{ in kg}$$

Darin bedeuten:
m = tatsächliche Kühlungsmasse in einem Kühlraum in kg
A_B = Grundfläche des Kühlraums in m²
H_{st} = max. Stapelhöhe des Kühlgutes in m
m_B = Belegungsmasse in kg/m³
η_B = Belegungskoeffizient

Wenn anhand der o. g. Formel die Kühlgutmasse m in kg berechnet wurde, kann die tägliche Wechselrate $\dot{m}$ in $\frac{kg}{d}$ mit 20% der Gesamtmasse eingesetzt werden. Alternativ kann mit gutem Erfolg die tägliche Wechselrate $\dot{m}$ in $\frac{kg}{d}$ auch folgendermaßen durch Einsetzen von:

$\frac{50 \text{ kg}}{m^2 d}$	$\frac{100 \text{ kg}}{m^2 d}$	$\frac{150 \text{ kg}}{m^2 d}$
bei kleinerer Beschickung für Kühlräume ermittelt werden;	bei mittlerer Beschickung;	bei großer Beschickung für Kühlräume ermittelt werden.

Mit der Fläche des Kühlraumes multipliziert ergibt sich dann die tägliche Wechselrate $\dot{m}$ in $\frac{kg}{d}$. Im nächsten Schritt findet $\dot{m}$ dann Eingang in die Formel:

$$\dot{Q}_A = \frac{\dot{m} \cdot c \cdot \Delta T}{86400 \text{ s/d}}$$

Enthalpie der Luft für Kühlräume in kJ/m³

Aus dieser Tabelle können die Enthalpien in kJ/m³ direkt entnommen werden. In anderen Fällen ist das Mollier h, x-Diagramm heranzuziehen.

Außenluft-Zustand

		+5 °C		+10 °C		+15 °C		+20 °C	
		70% r.F.	80% r.F.	70% r.F.	80% r.F.	70% r.F.	80% r.F.	50% r.F.	60% r.F.
t_R	+15 °C	—	—	—	—	—	—	2,77	7,0
	+10 °C	—	—	—	—	10,5	13,8	16,6	20,9
	+ 5 °C	—	—	9,6	12	22,8	26,2	29	33,5
	0 °C	9,1	10,9	20,8	23,3	34,4	37,9	40,8	45,4
	− 5 °C	19,2	20,9	31,0	33,5	44,6	48,2	51,2	55,8
	−10 °C	28,7	30,5	40,8	43,4	54,8	58,4	61,4	66,1
	−15 °C	37,8	39,7	50,2	52,8	64,5	68,2	71,3	76,1
	−20 °C	46,1	48,0	58,8	61,5	73,4	77,1	80,4	85,3
	−25 °C	55,1	57,1	68,0	70,8	82,9	86,8	90,1	95,1
	−30 °C	64,2	66,2	77,5	80,1	92,6	96,5	99,8	105,0
	−35 °C	73,3	75,3	86,7	89,6	102,0	106,0	110,0	115,0
	−40 °C	83,3	85,4	97,1	100	113,0	117,0	121,0	126,0

Außenluft-Zustand

		+25 °C		+30 °C		+35 °C		+40 °C	
		50% r.F.	60% r.F.	50% r.F.	60% r.F.	50% r.F.	60% r.F.	50% r.F.	60% r.F.
t_R	+15 °C	16,8	23,3	34,5	42,7	56,4	66,4	81,4	96,5
	+10 °C	30,87	37,5	48,8	57,2	70,1	81,3	96,5	112
	+ 5 °C	43,7	50,5	62,1	70,6	83,9	95,4	111	127
	0 °C	55,9	62,9	74,9	83,7	97,4	109	125	141
	− 5 °C	66,4	73,5	85,5	94,4	108	120	136	153
	−10 °C	77,0	84,2	96,6	106,0	120	132	148	165
	−15 °C	87,2	94,6	107,0	116,0	131	143	160	177
	−20 °C	96,6	104,0	117,0	127,0	141	154	171	189
	−25 °C	107,0	114,0	127,0	137,0	152	165	183	201
	−30 °C	117,0	125,0	138,0	148,0	163	177	195	213
	−35 °C	127,0	135,0	149,0	159,0	174	188	207	225
	−40 °C	138,0	147,0	161,0	171,0	187	201	220	231

Luftwechselraten je Tag für Kühlräume durch Türöffnen

Die Tabelle gibt eine durchschnittliche praktische Luftwechselrate je Tag in Abhängigkeit des Kühlraumvolumens an.

Raumvolumen	Luftwechsel je Tag	Raumvolumen	Luftwechsel je Tag	Raumvolumen	Luftwechsel je Tag	Raumvolumen	Luftwechsel je Tag
<td colspan="8" align="center">über 0 °C</td>

Raumvolumen	Luftwechsel je Tag	Raumvolumen	Luftwechsel je Tag	Raumvolumen	Luftwechsel je Tag	Raumvolumen	Luftwechsel je Tag
2,5	70	20	22	100	9	600	3,2
3,0	63	25	19,5	150	7	800	2,8
4,0	53	30	17,5	200	6	1000	2,4
5,0	47	40	15,0	250	5,3	1500	1,95
7,5	38	50	13,0	300	4,8	2000	1,65
10,0	32	60	12,0	400	4,1	2500	1,45
15,0	26	80	10,0	500	3,6	3000	1,3

7.4 Lagerung von Kühlgut

Luftwechselraten je Tag für Kühlräume durch Türöffnen (Fortsetzung)

Raum-volumen	Luft-wechsel je Tag	Raum-volumen	Luft-wechsel je Tag	Raum-volumen	Luft-wechsel je Tag	Raum-volumen	Luft-wechsel je Tag
unter 0 °C							
2,5	52	20	16,5	100	6,8	600	2,5
3,0	47	25	14,5	150	5,4	800	2,1
4,0	40	30	13,0	200	4,6	1000	1,9
5,0	35	40	11,5	250	4,1	1500	1,5
7,5	28	50	10,0	300	3,7	2000	1,3
10,0	24	60	9,0	400	3,1	2500	1,1
15,0	19	80	7,7	500	2,8	3000	1,05

Wärmestrom von Personen

Raumtemperatur in °C	Wärmestrom je Person in W
20	180
15	200
10	210
5	240
0	270
− 5	300
− 10	330
− 15	360
− 20	390
− 25	420

Beleuchtungswärmestrom

An-wendung	Leuchten-typ	Lei-stung	Leistung + Vor-schalt-gerät	Raum-höhe	Stück-zahl	Ge-samt-leistung	Wärme-belastung pro m²
Kühlraum bis −20 °C	Kunststoff-leuchte *Norka* *Malmö*	40 W	50 W	3 m 5 m	11 13	550 W 650	5,5 W 6,5 W
Tiefkühl-raum bis −30 °C	Kunststoff-leuchte *Norka* *Oslo*	115 W	135 W	4 m 6 m	5 6	675 W 810 W	6,75 W 8,1 W
	HQL *Norka* *Pollux* NAVE 983102	250 W	275 W	8 m 10 m	1,5 2	470 W 560 W	4,7 W 5,6 W
	HQL *Norka* *Pollux* NAVE 983105	400 W	450 W	8 m 10 m	1 1,2	450 W 540 W	4,5 W 5,4 W

8 Formeln aus der Projektierung

8.1 k-Wert-Berechnung:

$$k = \frac{1}{\dfrac{1}{\alpha_a} + \sum_{i=1}^{n} \dfrac{\delta_n}{\lambda_n} + \dfrac{1}{\alpha_i}} \quad \text{in} \quad \frac{W}{m^2 K}$$

mit: α_a = Wärmeübergangskoeffizient außen in $\dfrac{W}{m^2 K}$

α_i = Wärmeübergangskoeffizient, innen in $\dfrac{W}{m^2 K}$

δ = Schichtdicke in m
λ = Wärmeleitkoeffizient in $\dfrac{W}{mK}$

Anmerkung:
bei erdreichberührten Bauteilen, z. B. Kühlhausboden über Erdreich wird $\dfrac{1}{\alpha_a}$ = 0 gesetzt.

Anhaltswerte zur Wahl der Wärmeübergangskoeffizienten α in W/(m² · K) an Umgrenzungsbauteilen des Kühlraumes

Position	α_a	Position	α_i
Wände, die an die Umgebung (Außenluft)grenzen	29	Kaltlagerraumwände innen bewegte Kühlung	19
Wände zu Nebenräumen	8	stille Kühlung	8

k-Werte für verschiedene Dämmaterialien in $\dfrac{W}{m^2 K}$

Dämmaterial	Rohdichte in kg/m³	Wärme-Dämmdicke in mm									
		20	40	60	80	100	120	140	160	180	200
Backkorkplatten	112	1,8	0,925	0,62	0,46	0,37	0,31	0,26	0,23	0,2	0,18
Backkorkplatten	114	2,1	1,05	0,70	0,52	0,42	0,35	0,30	0,26	0,23	0,21
feucht	192	2,45	1,22	0,82	0,61	0,49	0,41	0,35	0,31	0,27	0,24
Kork, lose, grobkörnig	80 – 112	2,45	1,22	0,82	0,61	0,49	0,41	0,35	0,31	0,27	0,24
Korkplatten, körnig	80 – 96	1,95	0,97	0,65	0,49	0,39	0,32	0,28	0,24	0,22	0,19
reine Glaswolle	80	1,65	0,82	0,55	0,41	0,33	0,27	0,24	0,21	0,18	0,16
Glaswolle, bitumenbeschichtet	48 – 80	1,65	0,82	0,55	0,41	0,33	0,27	0,24	0,21	0,18	0,16
Polystyrol	24	1,65	0,82	0,55	0,41	0,33	0,27	0,24	0,21	0,18	0,16
	32	1,50	0,75	0,50	0,37	0,30	0,25	0,21	0,19	0,17	0,15
	64	1,65	0,82	0,53	0,41	0,33	0,27	0,24	0,21	0,18	0,16
	88	1,75	0,87	0,58	0,44	0,35	0,29	0,25	0,22	0,19	0,17
Polystyrol, geschäumt	40	0,95	0,47	0,32	0,24	0,19	0,16	0,14	0,12	0,10	0,10
Polystyrolplatten	48	1,90	0,95	0,63	0,47	0,38	0,32	0,27	0,24	0,21	0,19
Schlackenwolle	136	1,68	0,84	0,56	0,42	0,34	0,28	0,24	0,21	0,19	0,17
Schlackenwolle, lose	176	1,82	0,91	0,61	0,45	0,36	0,30	0,26	0,23	0,20	0,18

8.1 k-Wert-Berechnung

k-Werte für verschiedene Schichtdicken bei Polyurethan-Hartschaum mit metallischen Deckschichten: (z. B. bei Kühlzellen in Paneelbauweise)

Schichtdicke mm	Wärmedurchgangskoeffizient k $\frac{W}{m^2 \cdot K}$	Empfohlene Temperaturdifferenzen ΔT in K	Einsatz für Temperaturen von ca. °C
50	0,39	20 K	−4
75	0,26	34 K	−10
100	0,19	45 K	−20
125	0,15	56 K	−30
150	0,13	70 K	−45

k-Werte für verschiedene Schichtdicken mit Polyurethan-Hartschaum und metallischen Deckschichten bei Kühlraumtüren:

$\delta = 60$ mm : $k = 0{,}32 \; \frac{W}{m^2 K}$ | −4

$\delta = 80$ mm : $k = 0{,}24 \; \frac{W}{m^2 K}$ | −10

| −20

| −30

$\delta = 100$ mm : $k = 0{,}19 \; \frac{W}{m^2 K}$ | −45

k-Werte für **Lichtkuppeln**: zweischalig: $k = 3{,}5 \; \frac{W}{m^2 K}$

dreischalig: $k = 2{,}5 \; \frac{W}{m^2 K}$

k-Wert **Streifenvorhang**: mit $\delta = 0{,}005$ m, $\lambda = 0{,}13 \; \frac{W}{mK}$; $\alpha_i = 19 \; \frac{W}{m^2 K}$; $\alpha_a = 8 \; \frac{W}{m^2 K}$

$k = 4{,}63 \; \frac{W}{m^2 K}$

k-Wert **Hafa Sektionaltor** mit B = 2,60 m und H = 2,80 m

$k = 0{,}80 \; \frac{W}{m^2 K}$

8.2 Wärmeeinströmung:

$$\dot{Q}_E = A \cdot k \cdot \Delta T \quad \text{in} \quad W$$

mit:

A = Fläche in m²
k = Wärmedurchgangskoeffizient in $\frac{W}{m^2 \, K}$
ΔT = Temperaturdifferenz zwischen Kühlrauminnentemperatur und Umgebungstemperatur in K

ΔT-Zuschläge für Kühlräume, die starker Sonneneinstrahlung ausgesetzt sind:

Art der Oberfläche	Ost	Süd	West	Flachdach
Dunkelgefärbte Wände und Dächer	4,4 K	2,8 K	4,4 K	11 K
Mittel gefärbte Flächen, z. B. Holz, Zement, in den Farben rot, grün oder grau	3,3 K	2,2 K	3,3 K	8,3 K
Leicht gefärbte Flächen, z. B. weiße Steine, gef. Zement, weiße F.	2,2 K	1,0 K	,2 K	5 K

Anhaltswerte für Umgebungstemperaturen von Kühlräumen:

Umgebungstemperaturen im mitteleuropäischen Raum für die Kühlraumberechnung	
Außentemperatur, vorwiegend im Schatten	+25 °C
Außentemperatur, vorwiegend unter Sonne	+30 °C
Innenräume	+20 °C bis +25 °C
Kellerräume, teilw. unter Erdoberfläche	+20 °C
Kellerräume, ganz unter Erdoberfläche	+15 °C
Unter Gebäudedächern	+35 °C bis +40 °C
Erdboden unter Kühlraumboden	+15 °C
Erdboden an Kühlraummauern	+18 °C

Kühlgutwärmestrom (Abkühlen):

$$\dot{Q}_A = \frac{\dot{m} \cdot c \cdot \Delta T}{86\,400 \text{ s/d}} \quad \text{in kW}$$

mit:

$\dot{m}$ = tägliche Kühlgutmasse in kg/d
c = spez. Wärmekapazität des Kühlgutes entsprechend Kühlguttabelle (ab S. 37) in $\frac{kJ}{kg \, K}$
ΔT = Abkühltemperaturdifferenz in K
86 400 s/d

Anmerkung: spezifische Wärmekapazität vor dem Erstarren einsetzen

8.2 Wärmeeinströmung

Kühlgutwärmemenge (Abkühlen):

$Q_A = m \cdot c \cdot \Delta T$ in kJ

mit:

m = Kühlgutmasse in kg
c = spezifische Wärmekapazität des Kühlgutes entsprechend Kühlguttabelle (ab S. 37) in $\frac{kJ}{kg\,K}$
ΔT = Temperaturdifferenz in K

Gefriergutwärmestrom:

$\dot{Q}_A = \dfrac{\dot{m} \cdot q}{86400\,s/d}$ in kW

mit:

$\dot{m}$ = tägliche Gefriergutmasse in kg/d
q = Erstarrungswärme in kJ/kg

Gefriergutwärmemenge:

$Q_A = m \cdot q$ in kJ

mit:

m = Gefriergutmasse in kg
q = Erstarrungswärme in kJ/kg

Gefriergutwärmestrom (Unterkühlen):

$\dot{Q}_A = \dfrac{\dot{m} \cdot c \cdot \Delta T}{86.400\,s/d}$ in kW

mit:

$\dot{m}$ = tägliche Kühlgutmasse in kg/d
c = spez. Wärmekapazität des Kühlgutes entsprechend Kühlguttabelle (ab S. 37) in $\frac{kJ}{kg\,K}$
ΔT = Unterkühlungstemperaturdifferenz vom höchsten Gefrierpunkt zur gewünschten Temperatur in K
86400 s/d

Anmerkung: spezifische Wärmekapazität nach dem Erstarren einsetzen

Gefriergutwärmemenge: (Unterkühlen)

$Q_A = m \cdot c \cdot \Delta T$ in kJ

mit:

m = Kühlgutmasse in kg
c = spezifische Wärmekapazität des Kühlgutes entsprechend Kühlguttabelle (ab S. 37) in $\frac{kJ}{kg\,K}$
ΔT = Temperaturdifferenz in K

werden mehrere unterschiedliche Kühl- oder Gefriergüter gelagert so ermittelt man die spezifische Wärmekapazität wie folgt:

$\bar{c} = \dfrac{m_1 \cdot c_1 + m_2 \cdot c_2 \ldots + m_n \cdot c_n}{m_1 + m_2 \ldots + m_n}$.

Atmungswärmestrom: (nur bei Obst und Gemüse)

$$\dot{Q}_{At} = \frac{m \cdot q_{At}}{86400 \text{ s/d}} \quad \text{in kW}$$

mit:

m = Kühlgutmasse in kg

q_{At} = Atmungswärme in $\frac{\text{kJ}}{\text{kg d}}$

Atmungswärmemenge pro Tag:

$$Q_{At} = m \cdot q_{At} \quad \text{in } \frac{\text{kJ}}{\text{d}}$$

mit:

m = Kühlgutmasse in kg

q_{At} = Atmungswärme in $\frac{\text{kJ}}{\text{kg d}}$

Anmerkung: Es wird die gesamte Kühlgutmasse die im Raum lagert eingesetzt und nicht nur die tägliche Wechselrate.

Wärmestrom durch Lufterneuerung:

① $\dot{V}_L = V_{Raum} \cdot n \quad \text{in } \frac{\text{m}^3}{\text{d}}$

mit:

V_{Raum} = Raumvolumen in m³

n = tägliche Luftwechselrate nach Bäckström ermittelt: $n_{Lw} = \frac{70}{\sqrt{V_R}}$ in $\frac{1}{\text{d}}$ mit:

V_R in m³

② $\dot{m}_L = \frac{\dot{V}_L \cdot \varrho_L}{86400 \text{ s/d}} \quad \text{in } \frac{\text{kg}}{\text{s}}$

mit:

$\dot{V}_L$ = Luftvolumenstrom in $\frac{\text{m}^3}{\text{d}}$

ϱ_L = Dichte der Luft bei Raumtemperatur in $\frac{\text{kg}}{\text{m}^3}$ aus h,x-Diagramm

③ $\dot{Q}_L = \dot{m}_L \cdot \Delta h \quad \text{in } \frac{\text{kJ}}{\text{s}} \triangleq \text{kW}$

mit:

$\dot{m}_L$ = Luftmassenstrom in $\frac{\text{kg}}{\text{s}}$

Δh = Enthalpiedifferenz in $\frac{\text{kJ}}{\text{kg}}$ aus h, x-Diagramm

Exkurs: Berechnung der Dichte der Luft bei Raumtemperatur:

$$\varrho_L = \frac{\varrho_o}{1 + \frac{\vartheta}{273{,}15}} \quad \text{mit}$$

$$\varrho_o = 1{,}2930 \frac{\text{kg}}{\text{m}^3}$$

ϑ in °C einsetzen

8.2 Wärmeeinströmung

oder:

$$\dot{Q}_L = \frac{V_R \cdot n \cdot \Delta h}{86400 \text{ s/d}} \quad \text{in} \quad \frac{kJ}{s}$$

mit:

V_R in m^3

n in $\frac{1}{d}$

Δh in $\frac{kJ}{m^3}$ aus Tabelle

Personenwärmestrom:

$$\dot{Q}_{Pers} = \frac{i \cdot q \cdot \tau}{24 \text{ h/d}} \quad \text{in W}$$

mit:

i = Anzahl der Personen
q = Personenwärmestrom gemäß Tabelle (S. 47) in W
τ = Begehungszeit während des Tages h/d

Beleuchtungswärmestrom:

$$\dot{Q}_{Bel} = \frac{i \cdot P \cdot \tau}{24 \text{ h/d}} \quad \text{in W}$$

mit:

i = Anzahl der Leuchten
P = Leistung in W
τ = tägliche Einschaltdauer in h/d

Verdampferventilatormotorwärmestrom:

$$\dot{Q}_{Vent} = \frac{i \cdot P \cdot \tau}{\text{Betriebszeit der Kälteanlage in h pro d}} \quad \text{in W}$$

mit:

i = Anzahl der Ventilatormotoren
P = Leistung der Motoren
τ = tägliche Betriebszeit der Motoren in h/d

Heizwärmestrom Verdampfer:

$$\dot{Q}_{Heiz} = \frac{i \cdot P \cdot \tau}{\text{Betriebszeit der Kälteanlage in h pro d}} \quad \text{in W}$$

mit:

i = Anzahl der Heizkreise im Verdampfer
P = Heizleistung in W
τ = tägliche Abtauzeit in h/d gemäß Tabelle (s. S. 93)

Türrahmenheizung im Dauerbetrieb:

Einsatzbereich: $-5\,°C$ bis $-15\,°C$: $23\,\frac{W}{m}$

$-15\,°C$ bis $-30\,°C$: $28\,\frac{W}{m}$

tiefer $-30\,°C$: $35\,\frac{W}{m}$

Abflußheizung:

Im Tiefkühlbereich ist grundsätzlich eine elektrische Abflußheizung vorzusehen. Ihre Heizleistung, abhängig von der Länge des Heizkabels wird zur Leistung der Abtauheizung addiert!

Wärmestrom durch Gabelstaplerbefahrung:

$$\dot{Q}_{Stapler} = \frac{i \cdot P \cdot \tau}{24\,h/d} \quad \text{in W}$$

mit:

i = Anzahl und Art der Stapler
P = Hubmotorleistung und Fahrmotorleistung entsprechend aufgeteilt in W
τ = Staplerbetriebszeit pro Tag in h/d.

Abhängig davon ob ein elektrisch betriebener Gabelstaplertyp nur zur Kommissionierung d.h. nur zum Palettentransport ohne Hubleistung eingesetzt wird oder ob ein anderer Fahrzeugtyp im Hochregallager Paletten ein- bzw. umsetzt und sie transportiert, werden unterschiedlich große Batterien erforderlich.
Die Fahrzeuge befinden sich ständig im gekühlten Lager.
Wärmeeintrag von außen entfällt.

Energiemenge (Wh) = Batteriekapazität (Ah) · Nennspannung (V) · Ausnutzungsgrad

Bei vollständiger Batterieentladung kann man 80 % der Kapazität ansetzen.
Technische Daten zu unterschiedlichen Batterietypen im industriellen Einsatz bei einer durchschnittlichen Einsatzdauer von 6 h/d.

Hersteller, Typ	Nennspannung (V)	Kapazität (Ah)	Gewicht (kg)
BAE 5 PzS 700L	48 V	700 Ah	1111 kg
VHB 5 PzS 750HX	48 V	750 Ah	1160 kg
Hoppecke 3 PzS 420L	24 V	420 Ah	358 kg
BAE 3 PzS 420L	24 V	420 Ah	361 kg
VHB 3 PzS 330L	24 V	330 Ah	376 kg
BAE 3 PzS 300EU	24 V	300 Ah	260 kg
VHB 3 VBS 270	24 V	270 Ah	250 kg
BAE 2 PzS 240HS	24 V	240 Ah	216 kg

Wärmestrom durch Arbeitsmaschinen:

$$\dot{Q}_{Maschinen} = \frac{i \cdot P \cdot \tau}{24\,h/d} \quad \text{in W}$$

8.2 Wärmeeinströmung

mit:

i = Anzahl der Arbeitsmaschinen, z. B. Kuttermaschinen in gekühltem Arbeitsraum
P = Leistung der Maschinen in W
τ = Maschinenbetriebszeit in h/d

Feuchtigkeit am Verdampfer in Eis verwandeln:

$$\dot{Q}_{Eis} = \frac{\dot{m}_W \cdot q_W}{86400 \text{ s/d}} \text{ in kW}$$

mit:

$\dot{m}_W = \dot{m}_L \cdot \Delta x$ in kg/d

q_W = Schmelzenthalpie von Eis $\frac{kJ}{kg}$ $\left(335\frac{kJ}{kg}\right)$

Unterkühlung des Eises auf Verdampfungstemperatur:

$$\dot{Q}_A = \frac{\dot{m}_L \cdot \Delta x \cdot c_{Eis} \cdot \Delta T}{86400 \text{ s/d}} \text{ in kW}$$

mit:

$\dot{m}_L$ = Luftmassenstrom in kg/d
Δx = in kg/kg aus h,x-Diagramm
c = spez. Wärmekapazität von Eis $\left(2{,}11\frac{kJ}{kgK}\right)$
ΔT = Temperaturdifferenz von 0 °C zur Verdampfungstemperatur in K

Wärmestrom durch geöffnete Türen (nach Tamm):

$$\dot{Q}_{Tür} = [8{,}0 + (0{,}067 \cdot \Delta T_{Tür})] \cdot \tau_{Tür} \cdot \varrho_{L,KR} \cdot B_{Tür}$$

$$\times H_{Tür} \cdot \sqrt{H_{Tür} \cdot \left(1 - \frac{\varrho_{L,a}}{\varrho_{L,i}}\right)} \cdot (h_{L,a} - h_{L,i}) \cdot \eta_{LS} \text{ in W}$$

mit:

$\Delta T_{Tür} = T_a - T_i$ in K
$\tau_{Tür}$ = Öffnungszeit in min bezogen auf eine Tonne Warenumschlag
$\varrho_{L,KR}$ = Dichte der Luft im Kühlraum in kg/m³
$B_{Tür}$ = Türbreite in m
$H_{Tür}$ = Türhöhe in m
$\varrho_{L,a}$ = Dichte der den Kühlraum umgebenden Luft in kg/m³
$\varrho_{L,i}$ = Dichte der Luft im Kühlraum in kg/m³
$h_{L,a}$ = spezifische Enthalpie der Luft außerhalb des Kühlraumes
$h_{L,i}$ = spezifische Enthalpie der Luft im Kühlraum in $\frac{kJ}{kg}$
η_{LS} = Wirkungsgrad der eventuell vorhandenen Luftschleieranlage. Für Räume ohne Luftschleieranlage gilt: $\eta_{LS} = 1$; für Räume mit Luftschleieranlage gilt: $\eta_{LS} = 0{,}25$
$\varrho_{L,KR} \stackrel{\wedge}{=} \varrho_{L,i}$

Art der Schiebetür	Art der Ware	$\tau_{Tür}$ min/t Warenumschlag
handbedient	gefrorene Tierkörper	15
	palettisierte Ware	6
mechanisch bedient	gefrorene Tierkörper	1
	palettisierte Ware	0,8

8. Formeln aus der Projektierung

Gesamtwärmestrom in Watt:

① $\dot{Q}_{ges} = \dot{Q}_{Transmissionswärme} + \dot{Q}_{Kühlgut} + \dot{Q}_{Atmung} + \dot{Q}_{Lufterneuerung}$
$+ \dot{Q}_{Türöffnungsverluste} + \dot{Q}_{Personen} + \dot{Q}_{Beleuchtung} + \dot{Q}_{Gabelstapler}$
$+ \dot{Q}_{Arbeitsmaschinen}$

② Umrechnen des Gesamtwärmestromes auf die tägliche Betriebszeit der Kälteanlage in Watt:

$$\dot{Q}_{0,vorläufig} = \frac{\dot{Q}_{ges} \cdot 24 \frac{h}{d}}{\text{Betriebszeit Kälteanlage in } \frac{h}{d}}$$

z. B.

Tiefkühlanlagen: $18 \frac{h}{d}$

Normalkühlanlagen: $16 \frac{h}{d}$

③ Zuschlag auf die vorläufige Verdampfungsleistung für unbekannte Verdampferabtauheizleistung und unbekannte Verdampferventilatormotorleistung:

$\dot{Q}_0 = \dot{Q}_{0,vorläufig} + 20\%$

④ Auswahl des Verdampfers/der Verdampfer mit Kälteleistung aus ③

⑤ Rückrechnung der Verdampferleistung zur Probe:

1. $\dot{Q}_{Ventilator} = \frac{i \cdot P \cdot \tau}{\text{Betriebszeit der Kälteanlage in } h/d}$ in W

mit:

$i = $ Anzahl der Ventilatormotoren $\}$ aus den Herstellerunterlagen
$P = $ Leistung der Motoren in W

$\tau = $ tägliche Betriebszeit in $\frac{h}{d}$

2. $\dot{Q}_{Abtauheizung} = \frac{i \cdot P \cdot \tau}{\text{Betriebszeit der Kälteanlage in } \frac{h}{d}}$ in W

mit:

$i = $ Anzahl der Heizkreise $\}$ aus den Herstellerunterlagen
$P = $ Abtauheizleistung gesamt in W

$\tau = $ tägliche Abtauzeit in $\frac{h}{d}$ (siehe Tabelle S. 93)

3. Ermittlung der tatsächlichen Verdampferleistung:

$\dot{Q}_{0,Vda} = \dot{Q}_{0,vorläufig} + \dot{Q}_{Ventilator} + \dot{Q}_{Abtauheizung}$ in W

⑥ Überprüfung der Verdampferleistung anhand der Herstellerunterlagen

8.2 Wärmeeinströmung

Betriebszeitüberprüfung:

geplant: $\dot{Q}_o = 10$ kW

$$t = 16 \frac{h}{d}$$

$$\dot{Q}_{o,\text{verdichter}} = 11 \text{ kW}$$

$$t_{\text{eff}} = ?$$

① $\dfrac{10 \text{ kW} \cdot 16 \text{ h}}{d} = 160 \dfrac{\text{kWh}}{d}$

② $t_{\text{eff}} = \dfrac{160 \dfrac{\text{kWh}}{d}}{11 \dfrac{\text{kW}}{1}} = 14{,}55 \dfrac{\text{kWh}}{d} \cdot \dfrac{1}{\text{kW}}$

③ $t_{\text{eff}} = 14{,}55 \dfrac{h}{d}$

9 Der luftgekühlte Verflüssiger

Verflüssigungsleistung für offene Verdichter:

$\dot{Q}_c = \dot{Q}_0 + P_i$ in kW

Verflüssigungsleistung für halb- und vollhermetische Verdichter:

$\dot{Q}_c = \dot{Q}_0 + P_{Kl}$ in kW

Verflüssigungsleistung bei **unbekannter** Leistungsaufnahme für **offene Verdichter**:

$\dot{Q}_c = \dot{Q}_0 \cdot f_1$ in kW

mit:

$f_1 = 1{,}18$ bei $t_0 = -10\,°C$ und $t_c = +40\,°C$

mit:

$f_1 = 1{,}23$ bei $t_0 = -10\,°C$ und $t_c = +45\,°C$

mit:

$f_1 = 1{,}43$ bei $t_0 = -30\,°C$ und $t_c = +40\,°C$

mit:

$f_1 = 1{,}60$ bei $t_0 = -38\,°C$ und $t_c = +40\,°C$

Verflüssigungsleistung bei **unbekannter** Leistungsaufnahme für **halb- und vollhermetische Verdichter**:

$\dot{Q}_c = \dot{Q}_0 \cdot f_1$ in KW

mit:

$f_1 = 1{,}30$ bei $t_0 = -10\,°C$ und $t_c = +40\,°C$

mit:

$f_1 = 1{,}35$ bei $t_0 = -10\,°C$ und $t_c = +45\,°C$

mit:

$f_1 = 1{,}625$ bei $t_0 = -30\,°C$ und $t_c = +40\,°C$

mit:

$f_1 = 1{,}82$ bei $t_0 = -38\,°C$ und $t_c = +40\,°C$

9.1 Korrekturfaktoren für luftgekühlte Verflüssiger zur Bestimmung der Verflüssiger-Nennleistung in Abhängigkeit von t_c und t_{LE}: f_2; Aufstellhöhe f_3; Kältemittel f_4

$\dot{Q}_{C,N} = \dfrac{\dot{Q}_c}{f_2 \cdot f_3 \cdot f_4}$ in kW bezogen auf die Verflüssiger-Nennleistung bei: $t_c = +40\,°C$; $t_{LE} = +25\,°C$; R 404A

praxisrelevante Werte:

Lufteintrittstemperatur:	$t_{LE} = +32\,°C$	$t_{LE} = +35\,°C$
Verflüssigungstemperatur Normalkühlung:	$t_c = +45\,°C$; $f_2 = 0{,}875$	$f_2 = 0{,}70$
Verflüssigungstemperatur Tiefkühlung:	$t_c = +40\,°C$; $f_2 = 0{,}575$	$f_2 = 0{,}40$

Korrekturfaktoren zur Bestimmung der Verflüssiger-Nennleistung in Abhängigkeit von der Aufstellhöhe

Meter über NN	0	500	1000	1500	2000	2500
f_3 Ventilator $\leq \varnothing 650$	1,0	0,97	0,94	0,91	0,88	0,85
f_3 Ventilator $\geq \varnothing 900$	1,0	0,96	0,91	0,87	0,83	0,80

Korrekturfaktoren für Kältemittel

Kältemittel	R 22	R 134 a	R 404A/R 507	R 407C
f_4	0,96	0,93	1,0	0,86

9.2 Schalldruckpegeländerung

Der angegebene Schalldruckpegel $dB_A/5$ m luftgekühlter Verflüssiger (Güntner) ist der rechnerische Meßflächen-Schalldruckpegel bezogen auf die Quaderoberfläche in 5 m Entfernung vom Gerät im Freifeld auf einer reflektierenden Ebene. Das Nomogramm zur Bestimmung der Schalldruckpegeländerung ΔL_{PA} für andere Entfernungen basiert auf einer quaderförmigen Hüllfläche um das Gerät (Hüllflächenverfahren). Der Schalldruckpegel ist eine Berechnung aus dem Eurovent zertifizierten Schalleistungspegel: $L_p(5m) = L_{Wa} - 26$.

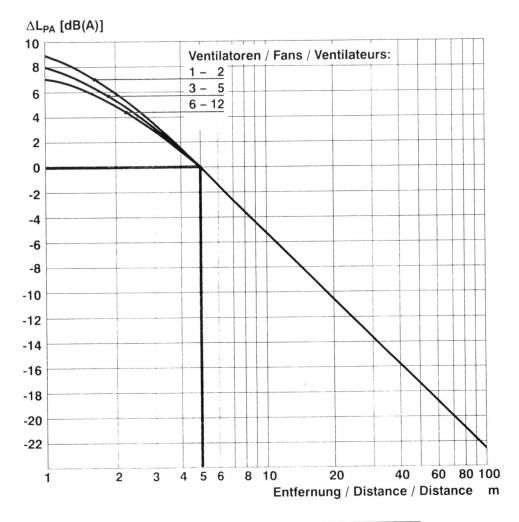

Anzahl der Ventilatoren	2	3	4	5	6	8	10	12
Schallzunahme	3	5	6	7	8	9	10	11

9.3 Wandabstand für luftgekühlte Verflüssiger in vertikaler Aufstellung

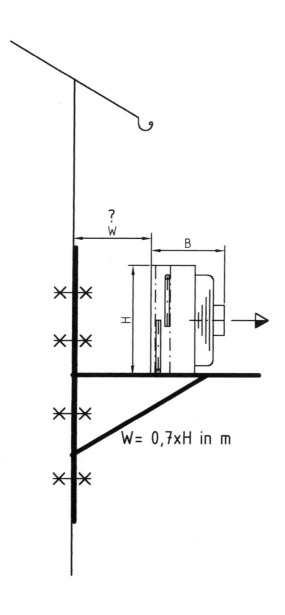

W = 0,7×H in m

10 Der wassergekühlte Verflüssiger

Praxisübliche Kühlwassererwärmung:

Seewasser: 2−3 K
Kühlturmwasser: 4−6 K
Stadtwasser: 10−30 K

Bestimmung der Kühlwassermenge:

1. Kühlwasservolumenstrom:

$$\dot{V}_W = \frac{\dot{Q}_c}{c_W \cdot \varrho_W \cdot \Delta T} \quad \text{in } \frac{m^3}{s}$$

mit:

$\dot{Q}_c$ in $\frac{kJ}{s}$

c_W in $\frac{kJ}{kg\,K}$

ϱ_W in $\frac{kg}{m^3}$

ΔT in K; Temperaturdifferenz zwischen t_{We} und t_{Wa}

2. Kühlwassermassenstrom

$$\dot{m}_W = \dot{m}_R \cdot \frac{q_c}{c_W \cdot (t_{Wa} - t_{We})} \quad \text{in } \frac{kg}{s}$$

mit:

$\dot{m}_R$ in $\frac{kg}{s}$

q_c in $\frac{kJ}{kg}$ aus log p,h-Diagramm

c_W in $\frac{kJ}{kg\,K}$

$t_{Wa} - t_{We}$ in K

Bestimmung der Wasseraustrittstemperatur:

$$t_{Wa} = t_{We} + \Delta t_W$$

mit:

t_{We} = Wassereintrittstemperatur

Δt_W = Kühlwassererwärmung

$$\Delta t_W = \frac{\dot{Q}_c}{c_W \cdot \dot{m}_W} \quad \text{in K}$$

10 Der wassergekühlte Verflüssiger

mit:

$\dot{Q}_c$ in $\dfrac{J}{s}$

c_w in $\dfrac{J}{kg\,K}$

$\dot{m}_w$ in $\dfrac{kg}{s}$

Kühlwassererwärmung alternativ:

1) $\Delta t_w = \dfrac{\dot{Q}_c}{c_w \cdot \rho_w \cdot \dot{V}}$ in K

mit:

$\dot{Q}_c$ in $\dfrac{J}{s}$

c_w in $\dfrac{J}{kg\,K}$

r_w in $\dfrac{kg}{l}$

$\dot{V} =$ in $\dfrac{l}{s}$

2) $t_{wa} = t_{we} + \Delta T_w$ in °C

mit:

$Q_c = \dot{Q}_c \cdot 3600\,s$ in kWs oder kJ

$V = \dot{V}_w \cdot \tau$ in m³ mit: $\dfrac{m^3}{h} \cdot 1h$;

$1\,m^3 H_2O \stackrel{\wedge}{=} 1000\,kg\,H_2O$

$\Delta T_w = \dfrac{Q_c}{V \cdot c}$ in K mit $\dfrac{kJ \cdot kg\,K}{kg \cdot kJ}$

Kühlturmbetrieb

Steht nicht genügend Frischwasser für die Kühlung des Verflüssigers zur Verfügung, dann muß das im Verflüssiger erwärmte Kühlwasser in einem Kühlturm durch teilweise Verdunstung zurückgekühlt werden!

Leistungsbilanz für den Rückkühlbetrieb:

$$\dot{m}_W \cdot c_W \cdot (t_{W1} - t_{W2}) \approx \dot{Q}_c \approx \dot{m}_L \cdot [(h_{L2} - h_{L1}) - (x_2 - x_1) \cdot h_W]$$

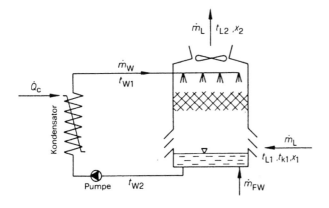

Kühlturm und Kühlwasserkreislauf (Schema)

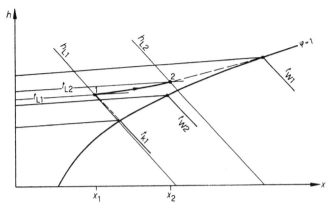

Zustandsänderung der Luft im Kühlturm und Kühlwassertemperaturen im h,x-Diagramm der feuchten Luft ($p = 1$ bar)

Kühlzonenbreite: $\Delta T_W = t_{W1} - t_{W2}$

Kühlgrenzabstand:

Differenz zwischen $t_{W\,Austritt}$ und $t_{Feuchtkugel\,Lufteintritt}$

Frischwasserzufuhr zum Kühlturm:

$$\dot{m}_{FW} = \dot{m}_L \cdot (x_2 - x_1) \quad \text{in } \frac{kg}{s}$$

mit:

$\dot{m}_L =$ Luftmassenstrom in $\frac{kg}{s}$

$\Delta x =$ Differenz der absoluten Feuchte in $\frac{kg}{kg}$ aus dem h,x-Diagramm

Im idealen Kühlturm würde das Kühlwasser von seiner Eintrittstemperatur t_{W1} bis auf die Kühlgrenztemperatur (Feuchtkugeltemperatur) der Außenluft abgekühlt werden. Damit kann für den wirklichen Rückkühlbetrieb der **Abkühlungsgrad** η_A definiert werden:

$$\eta_A = \frac{t_{W1} - t_{W2}}{t_{W1} - t_{Feuchtkugel\,1}}$$

Kälteträger:

t_c ca. 5 K oberhalb von $t_{Wasseraustritt}$

Wassergeschwindigkeit: $w = 1{,}5$ bis $1{,}8 \, \frac{m}{s}$

Kälteträgergeschwindigkeit: $w = 1{,}0$ bis $1{,}3 \, \frac{m}{s}$

ΔT zwischen Kälteträgervorlauf- und Kälteträgerrücklauftemperatur ca. 3 K

ΔT zwischen t_R bzw. t_{Medium} und $t_{Kälteträger}$ ca. 5 K

ΔT zwischen $t_{Kälteträgeraustritt}$ und t_0 ca. 5 K

ΔT zwischen t_0 und $t_{Kälteträgererstarrung}$ ca. 8 K

11 Bemessung kältemittelführender Rohrleitungen und Bauteile

11.1 Formeln zur Rohrleitungsdimensionierung

Rohroberfläche: $A = d_a \cdot \pi \cdot l$ in m²

mit:

$A = U \cdot l$ in m²

$U = d_a \cdot \pi$ in m

Rohrgewicht (Masse in kg): $m = V \cdot \varrho$ in kg

mit:

$\varrho_{Cu} = 8900 \,\dfrac{kg}{m^3}$

$V = \dfrac{(d_a^2 - d_i^2) \cdot \pi}{4} \cdot l$ in m³

Rohrinhalt: $V = A \cdot l$ in dm³

mit:

$A = \dfrac{d_i^2 \cdot \pi}{4}$

mit:

d_i in dm und l in dm

Volumenstrom: $\dot{V} = \dfrac{\dot{Q}_0}{q_{vol}}$ in $\dfrac{m^3}{s}$

mit:

$\dot{Q}_0$ in J/s

q_{vol} in $\dfrac{J}{m^3}$ mit: $q_{vol} = \dfrac{q_{0N}}{v_1}$ in $\dfrac{J}{m^3}$

Volumenstrom: $\dot{V} = \dfrac{\dot{m}_R}{\varrho_R}$ in $\dfrac{m^3}{s}$

mit:

$\dot{m}_R$ in $\dfrac{kg}{s}$

ϱ_R in $\dfrac{kg}{m^3}$

Volumenstrom: $\dot{V} = \dot{m}_R \cdot v_1$ in $\dfrac{m^3}{s}$

mit:

$\dot{m}_R$ in $\dfrac{kg}{s}$

v_1 in $\dfrac{m^3}{kg}$

Kontinuitätsgleichung: $\dot{V} = A \cdot w$ und $\dot{m} = \varrho \cdot w \cdot A$

mit: $\dot{V}$ in $\dfrac{m^3}{s}$ und $\dot{m}$ in $\dfrac{kg}{s}$

erforderlicher Rohrquerschnitt: $A = \dfrac{\dot{V}}{w}$ in m^2

erforderlicher Rohrinnendurchmesser: $d_i = \sqrt{\dfrac{A \cdot 4}{\pi}}$

Statischer Druckverlust im geraden Rohrleitungsabschnitt:

$$\Delta p = \lambda \cdot \dfrac{l}{d} \cdot \dfrac{\varrho}{2} \cdot w^2 \ \text{in} \ \dfrac{N}{m^2}$$

mit:
λ = dimensionslose Rohrreibungszahl
l in m
d in m
ϱ in $\dfrac{kg}{m^3}$
w in $\dfrac{m}{s}$
Praxiswert $\lambda_{Cu} = 0{,}03$

Statischer Druckverlust im Einzelwiderstand:

$$\Delta p = \zeta \cdot \dfrac{\varrho}{2} \cdot w^2 \ \text{in} \ \dfrac{N}{m^2}$$

mit:
ζ = dimensionsloser Widerstandsbeiwert
ϱ in $\dfrac{kg}{m^3}$
w in $\dfrac{m}{s}$

ζ-Werte für Rohrleitungseinbauten sind den entsprechenden Tabellenwerten zu entnehmen (siehe Kap. 13)

Gesamtdruckverlust im Rohrleitungssystem ohne Steigleitungsanteil:

$$\Delta p_{ges} = \sum \left(\lambda \cdot \dfrac{l}{d} \cdot \dfrac{\varrho}{2} \cdot w^2 \right) + \sum \left(\zeta \cdot \dfrac{\varrho}{2} \cdot w^2 \right) \ \text{in} \ \dfrac{N}{m^2}$$

Geodätischer Druckverlust:

$$\Delta p = \Delta h \cdot \varrho \cdot g \ \text{in} \ \dfrac{N}{m^2}$$

mit:
Δh = Steigleitungsanteil m
ϱ in $\dfrac{kg}{m^3}$
$g = 9{,}81 \ \dfrac{m}{s^2}$

11.2 Ermittlung der Druckdifferenz am Expansionsventil

Geschwindigkeit in Rohrleitungen $\left(\text{Tabellenwerte in } \frac{m}{s}\right)$

Bezeichnung	Sole, Glykolmischung	Wasser	Kältemittel
Saugleitung	0,5–1,5	0,5–2	6–12
Druckleitung	1–2	1,5–3	6–15
Flüssigkeitsleitung			0,3–1,2

$$w = \frac{\dot{Q}_0 \cdot 4}{q_{ON} \cdot \rho_R \cdot d_i^2 \cdot \pi} \text{ in } \frac{m}{s} \quad \text{oder: } d_i = \sqrt{\frac{\dot{Q}_0 \cdot 4}{q_{ON} \cdot \rho_R \cdot \pi \cdot w}} \text{ in m}$$

ergibt sich aus:

$$\dot{V} = A \cdot w$$

$$\dot{V} = \frac{\dot{m}_R}{\varrho_R}$$

$$A = \frac{d_i^2 \cdot \pi}{4}$$

$$\frac{\dot{m}_R}{\varrho_R} = \frac{d_i^2 \cdot \pi}{4} \cdot w$$

$$\dot{m}_R = \frac{\dot{Q}_0}{q_{ON}}$$

$$\frac{\dot{Q}_0}{q_{ON} \cdot \varrho_R} = \frac{d_i^2 \cdot \pi}{4} \cdot w$$

11.2 Ermittlung der Druckdifferenz am Expansionsventil

$$\Delta p_{ges} = p_c - (p_0 + \Delta p_{FL} + \Delta p_{MV} + \Delta p_{TR} + \Delta p_{ST} + \Delta p_{\text{Venturiverteiler + Verteilerrohre}}) \text{ in bar}$$

mit:
- p_c = Verflüssigungsdruck
- p_0 = Verdampfungsdruck
- Δp_{Fl} = Druckdifferenz in der Flüssigkeitsleitung
- Δp_{MV} = Druckdifferenz über dem Magnetventil in der Flüssigkeitsleitung
- Δp_{TR} = Druckabfall über dem Filtertrockner nach DIN 8949 $\Delta p = 0{,}14$ bar (gilt nur bei Durchflußleistung)
- Δp_{St} = Druckdifferenz Steigleitung
- Δp_{Vent} = Druckabfall über Venturiflüssigkeitsverteiler und Verteilerrohren zusammen $\Delta p = 1{,}0$ bar setzen; wird ein Staudüsenverteiler eingesetzt ergibt sich: $\Delta p = 3{,}5$ bar

Druckdifferenz über dem Magnetventil:

$$\Delta p_B = \Delta p_{gewählt} \cdot \left(\frac{\dot{Q}_N}{\dot{Q}_{NK}}\right)^2 \quad \text{in bar}$$

mit:

$\Delta p_{gewählt}$ = gewählter Druckaball im Ventil in bar
$\dot{Q}_N$ = berechnete Ventilnennleistung in kW
$\dot{Q}_{NK}$ = Katalognennleistung in kW

11.3 Auslegung von Armaturen nach dem k_v-Wert

Der k_v-Wert dient zur Angabe der Durchflußkapazität einer Armatur. Er ist eine Eichgröße und bezeichnet den Durchfluß in m³/h von Wasser mit einer Temperatur $t_w = +20\ °C$ bei einem Druckabfall von 1 bar.

Für kältemittelbeaufschlagte Komponenten wie z. B. Magnetventile oder pilotgesteuerte Druckregler wird anhand der nachfolgend gezeigten Gleichungen entsprechend dem Anwendungsfall umgerechnet.

1. Für Flüssigkeitsleitungen mit:

$$k_v = \frac{\dot{m}_R \cdot 3600}{\sqrt{\varrho_{FL} \cdot \Delta p \cdot 10^3}} \quad \text{in } \frac{m^3}{h}$$

Anmerkung: wird $\dot{m}_R$ durch $\frac{\dot{Q}_o}{q_{oN}}$ ersetzt, wird der Zähler mit 3600 s/h berücksichtigt

mit:

ϱ_{FL} in $\frac{kg}{dm^3}$

$\Delta p_{gewählt}$ in bar

$$\dot{m}_R = \frac{\dot{Q}_o}{q_{oN}} \quad \text{in } \frac{kg}{s}$$

mit:

$\dot{Q}_o$ in $\frac{kJ}{s}$

q_{oN} in $\frac{kJ}{kg}$

Druckdifferenz über dem Magnetventil oder der Armatur:

$$\frac{k_{V1}}{k_{V2}} = \sqrt{\frac{\Delta p_2}{\Delta p_1}}$$

nach Δp_2 auflösen ergibt:

$$\Delta p_2 = \Delta p_1 \cdot \left(\frac{k_{V1}}{k_{V2}}\right)^2 \quad \text{in bar}$$

mit:

Δp_1 in bar; gewählter Wert

k_{v1} berechneter k_v-Wert in $\frac{m^3}{h}$

k_{v2} k_V-Wert des Herstellers; Katalogangabe in $\frac{m^3}{h}$

11.4 Tabellen und Nomogramme zur Rohrleitungsberechnung

2. Für Saugdampfleitungen mit:

$$k_v = \frac{\dot{Q}_0 \cdot 3600}{31{,}65 \cdot q_{0N}} \cdot \sqrt{\frac{v_1}{\Delta p}} \quad \text{in } \frac{m^3}{h}$$

mit: q_{0N} im $\frac{kJ}{kg}$ $\dot{Q}_0$ in $\frac{kJ}{s}$ v_1 in $\frac{m^3}{kg}$

Δp gewählt in bar

3. Für Heißdampfleitungen im unterkritischen Bereich:

$$\left(\text{d. h. } p_2 > \frac{p_1}{2} \right)$$

$$k_v = \frac{\dot{m}_R}{514} \cdot \sqrt{\frac{T_1}{\Delta p \cdot \varrho_N \cdot p_2}} \quad \text{in } \frac{m^3}{h}$$

mit:
$\dot{m}_R$ in kg/h
T_1 in K; Temperatur vor der Armatur
Δp in bar; Druckabfall im Ventil; gewünschter Wert, z. B. 0,1 bar
ϱ_N Dichte von Gasen/Dämpfen im Normzustand (Normdichte ϱ_N)
bei 0 °C und $p = 1{,}01325$ bar; für R22: $\varrho_N = 3{,}92$ kg/m³
                                       für R502: $\varrho_N = 5{,}17$ kg/m³
                                       für R12: $\varrho_N = 5{,}54$ kg/m³
p_1 = Druck vor dem Ventil
p_2 = Druck nach dem Ventil; $p_1 - \Delta p$

11.4 Tabellen und Nomogramme zur Rohrleitungsberechnung

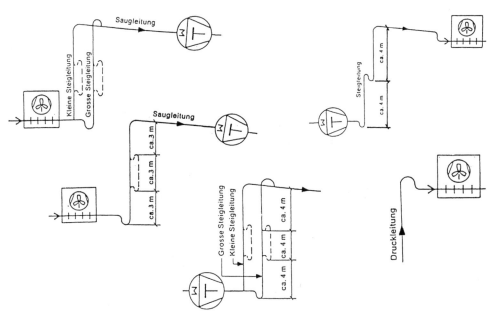

11 Bemessung kältemittelführender Rohrleitungen und Bauteile

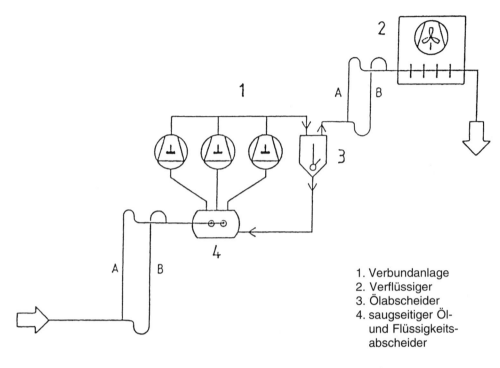

1. Verbundanlage
2. Verflüssiger
3. Ölabscheider
4. saugseitiger Öl- und Flüssigkeitsabscheider

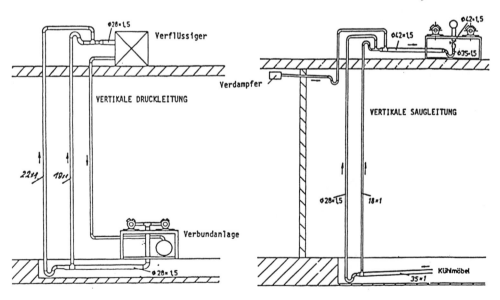

Äquivalente Rohrlängen von Cu-Fittings

Cu-Rohr		Winkelstück		Cu T-Stück					
da mm	da inch	m	inch	m	inch	m	inch	m	inch
6	1/4	0,20	8	0,20	8	0,15	6	0,10	4
8	5/16	0,35	14	0,35	14	0,25	10	0,15	6
10	3/8	0,60	24	0,60	24	0,35	14	0,20	8
12	1/2	0,70	28	0,70	28	0,45	18	0,25	10
15	–	1,00	40	1,00	39	0,65	26	0,35	14
16	5/8	1,20	47	1,20	47	0,80	32	0,40	16
18	3/4	1,40	5	1,40	55	0,90	35	0,50	20
22	7/8	1,80	71	1,80	71	1,20	47	0,60	24
28	1 1/8	2,40	95	2,40	94	1,60	63	0,80	32
35	1 3/8	3,20	127	3,20	126	2,20	87	1,10	43
36	1 1/2	3,30	130	3,30	130	2,20	87	1,10	43
42	1 3/4	4,20	170	4,20	165	2,80	110	1,40	55
54	2	5,80	270	5,80	228	3,90	154	2,00	79
64	2 1/2	–	–	7,60	299	5,00	197	2,50	98
70	2 3/4	–	–	8,30	327	5,50	217	2,80	110
76	3	–	–	9,10	358	6,00	236	3,10	122
80	3 1/8	–	–	9,40	370	6,30	248	3,20	126
89	3 1/2	–	–	10,90	429	7,00	276	3,80	150
104	4 1/8	–	–	13,50	532	9,00	354	4,50	177
108	4 1/4	–	–	14,10	555	9,40	370	4,70	185

Äquivalente Rohrlängen für Ventile und CU-Fittings $l_{äq}$ in m (FAS, Sanha)

CU-Rohr d_a in mm	Kugel-Durchgang Absperrventil/ Lötausführung FAS	Eck-Absperrventil HVE	Bogen 90° Nr. 5002a	Bogen 45° Nr. 5041	Bogen 180° Nr. 5060	Überspringbogen Nr. 5085
6	0,03	–	0,10	0,10	–	–
8	0,05	–	0,10	0,10	–	–
10	0,20	–	0,15	0,15	0,25	–
12	0,55	1,50	0,20	0,15	0,30	0,70
15	0,20	2,10	0,25	0,20	0,40	1,00
18	0,45	3,10	0,30	0,20	0,50	1,40
22	0,20	2,70	0,40	0,25	0,60	1,80
28	0,35	11,90	0,45	0,30	0,75	–
35	0,45	6,60	0,60	0,40	0,80	–
42	0,70	8,60	0,70	0,60	1,00	–
54	0,60	19,00	0,90	0,75	1,35	–
64	–	–	1,10	0,75	1,80	–
76	–	42,00	1,30	0,90	2,20	–
89	–	–	1,55	1,05	2,55	–
108	–	–	1,90	1,25	3,15	–
133	–	–	2,35	1,55	3,90	–
159	–	–	2,80	1,90	4,65	–

Äquivalente Rohrlängen für Ventile und CU-Fittings $l_{äq}$ in m (Bänninger)

CU-Rohr d_a in mm	flexible Rohre	T-Stück Nr. 5130					
		Abzweig trennend	Abzweig vereinig.	Durchg. vereinig.	Durchg. trennend	Gegenlauf trennend	Gegenlauf vereinig.
6	0,50	0,30	0,20	0,15	0,05	0,30	0,70
8	0,72	0,45	0,30	0,20	0,10	0,45	1,10
10	1,00	0,60	0,45	0,30	0,15	0,60	1,45
12	1,20	0,80	0,55	0,35	0,20	0,80	1,80
15	1,55	1,00	0,70	0,45	0,25	1,00	2,35
18	1,90	1,25	0,85	0,60	0,30	1,25	2,90
22	2,40	1,55	1,10	0,70	0,35	1,55	3,60
28	3,00	1,95	1,35	0,90	0,45	1,95	4,50
35	3,80	2,50	1,75	1,15	0,60	2,50	5,75
42	4,70	3,00	2,10	1,40	0,70	3,00	2,00
54	6,00	3,90	2,70	1,80	0,90	3,90	9,00
64	7,20	4,70	3,25	2,15	1,10	4,70	10,80
76	9,10	5,60	3,90	2,60	1,30	5,60	13,00
89	10,65	6,95	4,60	3,05	1,50	6,95	15,30
108	12,50	8,10	5,60	3,75	1,90	8,10	18,70
133	12,50	10,10	7,00	4,65	2,30	10,10	23,20
159	18,60	12,10	8,40	5,60	2,80	12,10	27,90

11.4 Tabellen und Nomogramme zur Rohrleitungsberechnung

Äquivalente Cu-Rohrlängen für Ventile und Fittings $l_{äq}$ in m

Rohr in mm	Absperr-ventil/ Lötaus-führung	Eck-Absperr-ventil HVE FAS	Bogen 90° Nr. 5002a	Bogen 45° Nr. 5041	Bogen 180° Nr. 5060
6	0,03	–	0,10	0,10	–
8	0,05	–	0,10	0,10	–
10	0,20	–	0,15	0,15	0,25
12	0,55	1,50	0,20	0,15	0,30
15	0,20	2,10	0,25	0,20	0,40
18	0,45	3,10	0,30	0,20	0,50
22	0,20	2,70	0,40	0,25	0,60
28	0,35	11,90	0,45	0,30	0,75
35	0,45	6,60	0,60	0,40	0,80
42	0,70	8,60	0,70	0,60	1,00
54	0,60	19,00	0,90	0,75	1,35
64	–	–	1,10	0,75	1,80
76	–	42,00	1,30	0,90	2,20
89	–	–	1,55	1,05	2,55
108	–	–	1,90	1,25	3,13

Reduziermuffe

d_a (mm)	L (m)	d_a (mm)	L (m)	d_a (mm)	L (m)
8 – 6	0,10	18 – 12	0,35	35 – 15	0,70
10 – 6	0,15	18 – 14	0,40	35 – 18	0,75
10 – 8	0,15	18 – 15	0,40	35 – 22	0,85
12 – 8	0,20	18 – 16	0,40	35 – 28	0,95
12 – 10	0,20	22 – 12	0,40	42 – 22	1,00
14 – 10	0,25	22 – 14	0,45	42 – 28	1,10
14 – 12	0,30	22 – 15	0,50	42 – 35	1,30
15 – 10	0,30	22 – 16	0,50	54 – 28	1,40
15 – 12	0,30	22 – 18	0,55	54 – 35	1,50
16 – 10	0,30	28 – 10	0,50	54 – 42	1,80
16 – 12	0,30	28 – 12	0,50	70 – 54	2,30
16 – 14	0,35	28 – 15	0,60	76 – 54	2,60
16 – 15	0,40	28 – 18	0,60	89 – 76	3,30
18 – 10	0,30	28 – 22	0,70	108 – 89	4,30

L bezogen auf kleinen Durchmesser

Äquivalente Rohrlängen für Kältemittelfiltertrockner $l_{äq}$ in m

Trocknertype	l in m	d_a
032	0,40	6,0
052	0,40	6,0
082	0,40	60
162	0,40	6,0
053	2,70	10,0
083	1,90	10,0
163	1,55	10,0
303	1,55	10,0
084	2,00	12,0
164	1,20	12,0
304	0,90	12,0
414	0,85	12,0
165	1,95	15,0
305	1,80	15,0
415	1,20	15,0
417S	6,70	22,0
757S	3,20	22,0
759S	7,90	28,0

Die angegebenen äquivalenten Rohrlängen $l_{äq}$ der Kältemittelfiltertrockner sind nach den Durchflußleistungen von Alco-Emerson bei $t_0 = -15\,°C$, $t_3 = +30\,°C$ und einer Druckdifferenz $\Delta p = 0,14$ bar, gerechnet.

Beispiel für die Bemessung von gesplitteten Steigleitungen

waagerechte Rohrleitung	freier Querschnitt	Teillast	Teillast
mm	mm²	mm	mm
15 × 1	132	10 × 1	12 × 1
18 × 1	201	10 × 1	15 × 1
22 × 1	314	12 × 1	18 × 1
28 × 1,5	491	15 × 1	22 × 1
35 × 1,5	804	22 × 1	28 × 1,5
42 × 1,5	1195	28 × 1,5	35 × 1,5
54 × 2	1963	35 × 1,5	42 × 1,5
64 × 2	2826	35 × 1,5	54 × 2
76 × 2	4069	42 × 1,5	64 × 2
89 × 2	5945	54 × 2	76 × 2
108 × 2,5	8322	64 × 2	89 × 2
133 × 3	12.668	76 × 2	108 × 2,5

11.4 Tabellen und Nomogramme zur Rohrleitungsberechnung

Rohrinhalte in Litern zur Füllmengenbestimmung der Flüssigkeitsleitung in Kälteanlagen

da in mm	Rohrinhalt in l/m	3 m	5 m	8 m	10 m	12 m	15 m	18 m	20 m	25 m	30 m	35 m	40 m	45 m	50 m	60 m	70 m	80 m
6 × 1	0,013	0,039	0,065	0,10	0,13	0,156	0,195	2,34	0,26	0,325	0,39	0,455	0,52	0,585	0,65	0,78	0,91	1,04
8 × 1	0,03	0,09	0,15	0,24	0,30	0,36	0,45	0,54	0,60	0,75	0,90	1,05	1,2	1,35	1,50	1,80	2,10	2,40
10 × 1	0,05	0,15	0,25	0,40	0,50	0,60	0,75	0,90	1,0	1,25	1,50	1,75	2,0	2,25	2,50	3,0	3,50	4,0
12 × 1	0,08	0,24	0,40	0,64	0,80	0,96	1,20	1,44	1,60	2,0	2,4	2,80	3,20	3,60	4,0	4,8	5,6	6,4
16 × 1	0,15	0,45	0,75	1,2	1,5	1,8	2,25	2,70	3,0	3,75	4,5	5,25	6,0	6,75	7,5	9,0	10,5	12
18 × 1	0,20	0,60	1,0	1,60	2,0	2,40	3,0	3,60	4,0	5,0	6,0	7,0	8,0	9,0	10	12	14	16
22 × 1	0,31	0,93	1,55	2,48	3,10	3,72	4,65	5,58	6,20	7,75	9,30	10,85	12,40	13,95	15,50	18,60	21,70	24,80
28 × 1,5	0,49	1,47	2,45	3,92	4,90	5,88	7,35	8,82	9,80	12,25	14,70	17,15	19,60	22,05	24,50	29,40	34,30	39,20
35 × 1,5	0,80	2,40	4,0	6,40	8,0	9,6	12	14,40	16	20	24	28	32	36	40	48	56	64
42 × 1,5	1,2	3,60	6,0	9,60	12	14,40	18	21,60	24	30	36	42	48	54	60	72	84	96
54 × 2	2,0	6,0	10	16	20	24	30	36	40	50	60	70	80	90	100	120	140	160

Volumen mit der Dichte des entsprechenden Kältemittels multipliziert ergibt die Masse $\left(\varrho \cdot V = m \text{ mit } \frac{kg}{m^3} \cdot m^3 = kg\right)$

Beispiel: Tiefkühlanlage mit Flüssigkeitsunterkühlung: $t_3 = 0\,°C$; R507; $\rho = 1154\,\frac{kg}{m^3}$; FL: 22 × 1 mm mit H22

Isolierung: $l_{geo} = 20$ m; $V = 6{,}20$ Liter; $m = 1154\,\frac{kg}{m^3} \cdot 0{,}0062\,m^3 = 7{,}15$ kg; $m = 7{,}15$ kg R507

11 Bemessung kältemittelführender Rohrleitungen und Bauteile

Kupfer-Rohr-Ringe

Kupferrohr in Kühlschrankqualität, SF-Cu-F 22, blank, weich, innen gereinigt, mit verschlossenen Enden, hervorragende Bördel- und Biegequalität. Toleranzen nach DIN 59753

Kupferrohr Außen-$\varnothing$ mm	Abmessungen Außen-$\varnothing$ mm	Innen-$\varnothing$ mm	Gewicht kg laufender Meter
6	6	4	0,140
8	8	6	0,196
10	10	8	0,252
12	12	10	0,308
15	15	13	0,391
16	16	14	0,419
18	18	16	0,475
22	22	20	0,587

Kupfer-Rohr-Stangen

Kupferrohr in Kühlschrankqualität (bis $d_a = 54 \times 2$ mm), SF-Cu-F 37, hart, innen gereinigt, beide Enden mit Plastikkappen verschlossen. Toleranzen nach DIN 1788, 8905

Kupferrohr Außen-$\varnothing$ mm	Abmessungen Außen-$\varnothing$ mm	Innen-$\varnothing$ mm	Gewicht kg laufender Meter
10	10	8	0,252
12	12	10	0,308
15	15	13	0,391
16	16	14	0,419
18	18	16	0,475
22	22	20	0,587
28	28	25	1,110
35	35	32	1,410
42	42	39	1,700
54	54	50	2,910
64	64	60	3,450
70	70	66	3,800
76	76	72	4,140
80	80	76	4,370
89	89	85	4,870
104	104	100	5,700

11.4 Tabellen und Nomogramme zur Rohrleitungsberechnung

Kältemittelführende Rohrleitungen für R 407C in Kupfer

Saugleitung für Kältemittel R 407C
Verflüssigungstemperatur t_c = +40,6 °C, äquivalente Rohrlänge l_{aT} = 30,50 mm
Temperaturdifferenz ΔT = 1,1 K, Verdampfungstemperatur t_0 in °C

	Rohraußendurchmesser d_a in mm														
	6 × 1	8 × 1	10 × 1	12 × 1	15 × 1	18 × 1	22 × 1	28 × 1,5	35 × 1,5	42 × 1,5	54 × 2	64 × 2	76,1 × 2	88,9 × 2	108 × 2
t_0	Verdampfungsleistung $\dot{Q}_{oT}$ in kW														
+ 5		0,70	1,25	1,95	3,65	5,60	11,10	20,40	38,15	63,00	123,10	202,45	325,60	497,55	809,60
−10		0,43	0,77	1,20	2,10	3,20	6,35	11,75	22,10	36,60	71,95	118,70	190,95	292,50	476,25
−20		0,30	0,55	0,85	1,45	2,20	4,30	8,15	15,30	25,40	49,95	82,40	132,95	203,70	331,45
−30		0,20	0,34	0,53	0,90	1,40	2,95	5,30	10,40	16,85	33,15	55,10	88,75	136,20	221,55
−40							1,85	3,60	6,60	10,90	21,35	35,10	56,85	87,05	142,20

Für andere Verflüssigungstemperaturen gilt:

+30 °C	+35 °C	+45 °C	+50 °C	+55 °C	+60 °C
1,08	1,06	0,95	0,88	0,85	0,80

Druckleitung für Kältemittel R 407C
Verflüssigungstemperatur t_c = +40,6 °C, äquivalente Rohrlänge l_{aT} = 30,50 m
Temperaturdifferenz ΔT = 0,6 K, Verdampfungstemperatur t_0 in °C

	6 × 1	8 × 1	10 × 1	12 × 1	15 × 1	18 × 1	22 × 1	28 × 1,5	35 × 1,5	42 × 1,5	54 × 2	64 × 2	76,1 × 2	88,9 × 2	108 × 2
								Verdampfungsleistung $\dot{Q}_{oT}$ in kW							
+ 5		0,90	1,60	2,50	4,90	7,50	14,90	27,70	51,80	85,45	167,45	275,45	443,30	677,95	1101,05
−40		0,78	1,40	2,20	4,30	6,60	13,10	24,40	45,80	75,50	147,55	242,85	390,65	597,55	970,65

Für andere Verflüssigungstemperaturen gilt:

+30 °C	+35 °C	+45 °C	+50 °C	+55 °C	+60 °C
0,84	0,90	1,06	1,11	1,19	1,26

Flüssigkeitsleistung für Kältemittel R 407C
Verflüssigungstemperatur t_c = +40,6 °C, äquivalente Rohrlänge l_{aT} = 30,50 m
Temperaturdifferenz ΔT = 0,6 K, max. Strömungsgeschwindigkeit w = 0,5 m/s

	6 × 1	8 × 1	10 × 1	12 × 1	15 × 1	18 × 1	22 × 1	28 × 1,5	35 × 1,5	42 × 1,5	54 × 2	64 × 2	76,1 × 2	88,9 × 2	108 × 2
								Verdampfungsleistung $\dot{Q}_{oT}$ in kW							
	1,67	3,80	6,80	10,65	20,60	31,50	64,50	120,30	226,10	373,80	734,35	1213,35	1954,85	3000,10	4883,00

Für andere Verflüssigungstemperaturen gilt:

+30 °C	+35 °C	+45 °C	+50 °C	+55 °C	+60 °C
1,08	1,06	0,95	0,88	0,85	0,80

11.4 Tabellen und Nomogramme zur Rohrleitungsberechnung

Kältemittelführende Rohrleitungen für R 507/R 404A in Kupfer

Saugleitung für Kältemittel R 507/R 404A
Verflüssigungstemperatur t_c = +40,6 °C, äquivalente Rohrlänge $l_{äT}$ = 30,50 m
Temperaturdifferenz ΔT = 1,1 K, Verdampfungstemperatur t_o in °C

t_o	6×1	8×1	10×1	12×1	15×1	18×1	22×1	28×1,5	35×1,5	42×1,5	54×2	64×2	76,1×2	88,9×2	108×2
											Rohraußendurchmesser d_a in mm				
											Verdampfungsleistung $\dot{Q}_{oT}$ in kW				
+5	0,55	1,00	1,57	3,00	4,60	9,15	16,80	31,70	52,40	102,35	168,20	270,10	413,10	671,50	1144,60	1852,85
−10	0,30	0,56	0,88	1,75	2,70	5,40	9,90	18,30	30,30	59,40	97,90	157,20	240,90	391,75	668,05	1081,55
−20	0,20	0,38	0,60	1,20	1,85	3,60	6,65	12,65	21,00	41,00	67,60	108,75	166,55	270,90	462,30	749,45
−30	0,15	0,25	0,40	0,80	1,20	2,40	4,40	8,30	14,00	27,20	44,85	72,45	110,75	180,20	308,00	500,00
−40		0,15	0,25	0,50	0,75	1,55	2,85	5,25	8,75	17,25	28,35	45,80	70,35	114,80	196,60	319,15

Für andere Verflüssigungstemperaturen gilt:

+30 °C	+35 °C	+40 °C	+45 °C	+50 °C	+55 °C
1,15	1,08	1,00	0,94	0,86	0,73

Druckleitung für Kältemittel R 507/R 404A
Verflüssigungstemperatur t_c = +40,6 °C, äquivalente Rohrlänge $l_{äT}$ = 30,50 m
Temperaturdifferenz ΔT = 0,6 K, Verdampfungstemperatur t_o in °C

t_o	6×1	8×1	10×1	12×1	15×1	18×1	22×1	28×1,5	35×1,5	42×1,5	54×2	64×2	76,1×2	88,9×2	108×2
											Verdampfungsleistung $\dot{Q}_{oT}$ in kW				
+5	0,75	1,35	2,10	4,00	6,10	12,10	22,85	42,45	70,00	136,80	224,80	360,70	551,70	896,45	1526,45	2471,80
−20	0,68	1,20	1,85	3,65	5,60	10,85	20,25	37,65	62,00	121,30	199,85	320,50	490,20	796,15	1355,90	2195,65
−40	0,58	1,05	1,65	3,10	4,75	9,60	17,90	33,55	55,45	108,25	178,10	285,65	437,10	710,10	1209,45	1958,15

Für andere Verflüssigungstemperaturen gilt:

+30 °C	+35 °C	+40 °C	+45 °C	+50 °C	+55 °C
0,88	0,94	0,99	1,04	1,09	1,17

Flüssigkeitsleitungen für Kältemittel R 507/R 404A
Verflüssigungstemperatur t_c = +40,6 °C, äquivalente Rohrlänge $l_{äT}$ = 30,50 m
Temperaturdifferenz ΔT = 0,6 K, max. Strömungsgeschwindigkeit w = 0,5 m/s

6×1	8×1	10×1	12×1	15×1	18×1	22×1	28×1,5	35×1,5	42×1,5	54×2	64×2	76,1×2	88,9×2	108×2
										Verdampfungsleistung $\dot{Q}_{oT}$ in kW				
1,10	2,54	4,55	7,10	13,85	21,20	41,80	78,35	146,80	242,15	475,80	784,85	1265,20	1939,30	3157,80

Für andere Verflüssigungstemperaturen gilt:

+30 °C	+35 °C	+40 °C	+45 °C	+50 °C	+55 °C
1,15	1,08	1,00	0,94	0,86	0,79

11.4 Tabellen und Nomogramme zur Rohrleitungsberechnung

Kältemittelführende Rohrleitungen für R 134a in Kupfer

Saugleitung für Kältemittel R 134a
Verflüssigungstemperatur t_c = +40,6 °C, äquivalente Rohrlänge l_{aT} = 30,50 m
Temperaturdifferenz ΔT = 1,1 K, Verdampfungstemperatur t_o in °C

t_o	6×1	8×1	10×1	12×1	15×1	18×1	22×1	28×1,5	35×1,5	42×1,5	54×2	64×2	76,1×2	88,9×2	108×2
								\multicolumn{8}{c}{Rohraußendurchmesser d_a in mm}					
								\multicolumn{8}{c}{Verdampfungsleistung $\dot{Q}_{oT}$ in kW}					
+5	0,32	0,58	0,90	1,75	2,70	5,40	9,90	18,85	30,85	60,65	100,35	159,90	245,30	400,85
−10	0,20	0,35	0,55	1,05	1,60	3,20	6,15	11,30	18,80	36,55	61,10	97,20	149,40	244,05
−20			0,40	0,70	10,5	2,15	4,20	7,75	12,85	24,95	41,70	66,40	101,95	166,85
−30			0,25	0,45	0,70	1,45	2,65	5,00	8,40	16,55	27,35	43,80	67,10	109,65
−40							0,85	1,65	3,15	5,10	10,30	17,15	27,20	42,20	68,85

Für andere Verflüssigungstemperaturen gilt:

+30 °C	+35 °C	+45 °C	+50 °C	+55 °C	+60 °C	+65 °C
1,07	1,04	0,97	0,93	0,86	0,82	0,76

Druckleitung für Kältemittel R 134a
Verflüssigungstemperatur t_c = +40,6 °C, äquivalente Rohrlänge l_{aT} = 30,50 m
Temperaturdifferenz ΔT = 0,6 K, Verdampfungstemperatur t_o in °C

Verdampfungsleistung $\dot{Q}_{oT}$ in kW

t_o	6×1	8×1	10×1	12×1	15×1	18×1	22×1	28×1,5	35×1,5	42×1,5	54×2	64×2	76,1×2	88,9×2	108×2
+5	0,48	0,85	1,35	2,60	4,00	8,20	15,00	28,40	46,95	91,20	151,80	241,60	370,35	604,10
−20	0,45	0,80	1,25	2,45	3,75	7,40	13,80	25,60	42,40	82,60	137,15	218,55	334,85	546,35
−40	0,40	0,75	1,15	2,20	3,35	6,75	12,35	23,40	38,75	75,45	124,90	199,30	305,35	498,30

Für andere Verflüssigungstemperaturen gilt:

+30 °C	+35 °C	+45 °C	+50 °C	+55 °C	+60 °C	+65 °C
0,86	0,94	1,08	1,15	1,21	1,26	1,32

Flüssigkeitsleitungen für Kältemittel R 134a
Verflüssigungstemperatur t_c = +40,6 °C, äquivalente Rohrlänge l_{aT} = 30,50 m
Temperaturdifferenz ΔT = 0,6 K, max. Strömungsgeschwindigkeit w = 0,5 m/s

Verdampfungsleistung $\dot{Q}_{oT}$ in kW

6×1	8×1	10×1	12×1	15×1	18×1	22×1	28×1,5	35×1,5	42×1,5	54×2	64×2	76,1×2	88,9×2	108×2
1,10	2,35	4,20	6,55	12,60	19,30	38,10	71,25	133,90	222,00	435,65	720,75	1157,40	1778,45	2905,75

Für andere Verflüssigungstemperaturen gilt:

+30 °C	+35 °C	+45 °C	+50 °C	+55 °C	+60 °C	+65 °C
1,07	1,04	0,97	0,93	0,86	0,82	0,76

Hinweise zur Benutzung der Tabellen auf den Seiten 77 bis 79

1. Bestimmung der geometrischen Rohrlänge l_{geo}
2. Ermittlung des Korrekturfaktors f für abweichende Verflüssigungstemperaturen aus der Tabelle
3. Berechnung: $\dot{Q}_{O,Te} = \dot{Q}_{O,T} \cdot f$
4. Kontrolle und Vergleich zwischen $\dot{Q}_{O,Te} = \dot{Q}_{O,T}$ in der Tabelle
5. Endgültige Festlegung des Rohrdurchmessers
6. Bestimmung der äquivalenten Länge der Fittings und anschließende Addition
7. Berechnung der äquivalenten Rohrlänge: $l_{äq} = l_{geo} +$ äquivalente Länge der Fittings
8. Berechnung der tatsächlichen Temperaturdifferenz in der Leitung mit:

$$\Delta T_e = \Delta T_T \cdot \frac{l_{äq}}{l_{äq,T}} \cdot \left(\frac{\dot{Q}_O}{\dot{Q}_{O,Te}}\right)^{1.8} \text{ in K mit:} \quad \Delta T_T = 1{,}1 \text{ K}$$

$l_{äq} =$ äquivalente Länge, berechnet
$l_{äq,T} = 30{,}5$ m
$\dot{Q}_O =$ Kälteleistung
$\dot{Q}_{O,Te} =$ korrigierte Kälteleistung der Tabelle ($\dot{Q}_{O,T}$)

9. Kontrolle der Strömungsgeschwindigkeit w mit

$$w = \frac{\dot{Q}_O \cdot 4}{d_i^2 \cdot \pi \cdot q_{ON} \cdot \varrho_R} \text{ in } \frac{m}{s}$$

zur Ölrückführung

11.4 Tabellen und Nomogramme zur Rohrleitungsberechnung

Cu-Saugleitung für R 407C

Beispiel

Gegeben: $\dot{Q}_0 = 17$ kW, $t_0 = -20\,°C$, $t_c = +45\,°C$
max. Druckabfall = 1 K, Rohrlänge ca. 30 m

Gesucht: Rohrleitungsdurchmesser

Lösung: Linie A–B und C, dann D–E–F ergibt Schnittpunkt G zwischen 35 × 1 und 42 × 1,5.

Gewählt: Rohrleitungsdurchmesser 42 × 1,5

Druckabfall: Linie r–s–t und D ergibt Schnittpunkt v. Äquivalenter Druckabfall für 30 m Rohrlänge beträgt 0,7 K.

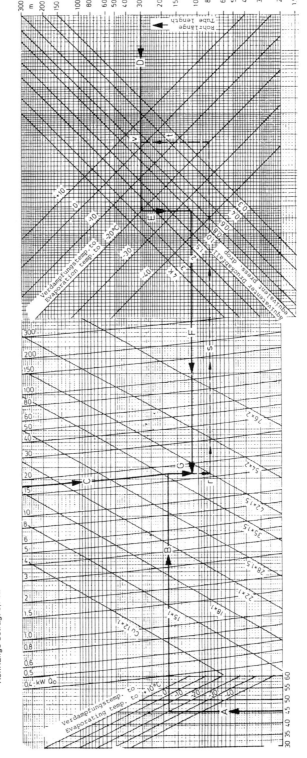

11.4 Tabellen und Nomogramme zur Rohrleitungsberechnung

Cu-Flüssigkeitsleitung für R 407C

Beispiel

Gegeben: $\dot{Q}_o = 8$ kW, $t_o = -15\,°C$, $t_c = +50\,°C$
max. Druckabfall = 0,5 K, Rohrlänge 25 m

Gesucht: Rohrleitungsdurchmesser

Lösung: Linie A–B und C, dann D–E–F ergibt Schnittpunkt G zwischen 10 × 1 und 12 × 1.

Gewählt: Rohrleitungsdurchmesser 12 × 1

Druckabfall: Linie r–t und Verlängerung von D ergibt Schnittpunkt v. Äquivalenter Druckabfall für 25 m Rohrlänge beträgt 0,35 K.

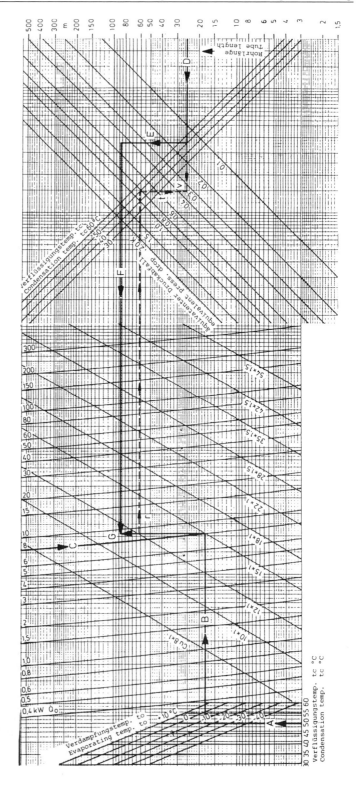

11.4 Tabellen und Nomogramme zur Rohrleitungsberechnung

Cu-Druckleitung für R 407C

Beispiel

Gegeben: $Q_o = 30$ kW, $t_o = -30$ °C, $t_c = +45$ °C
max. Druckabfall = 1 K, Rohrlänge ca. 70 m

Gesucht: Rohrleitungsdurchmesser

Lösung: Linie A–B und C, dann D–E–F ergibt Schnittpunkt G zwischen 28 × 1,5 und 35 × 1,5.

Gewählt: Rohrleitungsdurchmesser 35 × 1,5.

Druckabfall: Linie r–t und D ergibt Schnittpunkt v. Äquivalenter Druckabfall für 70 m Rohrlänge beträgt 0,6 K.

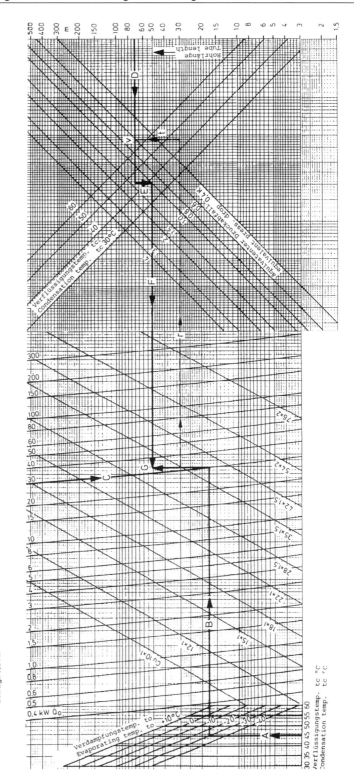

Cu-Saugleitung für R404 A

Beispiel

Gegeben: $\dot{Q}_0 = 3$ kW, $t_0 = -10\,°C$, $t_c = +35\,°C$
max. Druckabfall = 1 K, Rohrlänge ca. 15 m

Gesucht: Rohrleitungsdurchmesser

Lösung: Linie A – B und C, dann D – E – F ergibt Schnittpunkt G zwischen 15×1 und 18×1.

Gewählt: Rohrleitungsdurchmesser 18×1

Druckabfall: Linie r – s – t und Verlängerung von D ergibt Schnittpunkt v. Äquivalenter Druckabfall für 15 m Rohrlänge beträgt 0,6 K.

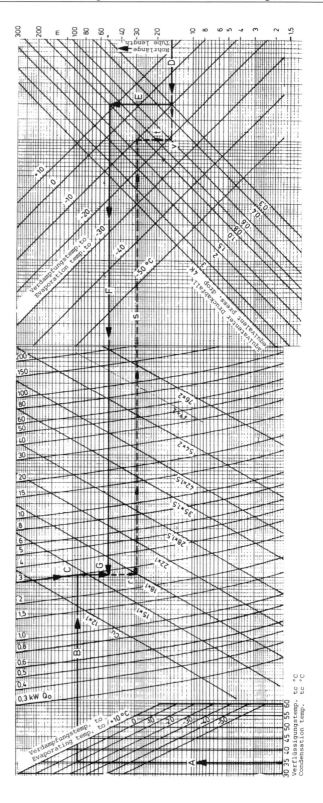

11.4 Tabellen und Nomogramme zur Rohrleitungsberechnung

Cu-Flüssigkeitsleitung für R404 A

Beispiel

Gegeben: $\dot{Q}_o = 13$ kW, $t_o = -15\,°C$, $t_c = +45\,°C$
max. Druckabfall = 0,25 K, Rohrlänge 40 m

Gesucht: Rohrleitungsdurchmesser

Lösung: Linie A−B und C, dann D−E−F ergibt Schnittpunkt G zwischen 18×1 und 22×1.

Gewählt: Rohrleitungsdurchmesser 22×1

Druckabfall: Linie r−s−t und Verlängerung von D ergibt Schnittpunkt v. Äquivalenter Druckabfall für 40 m Rohrlänge beträgt 0,12 K.

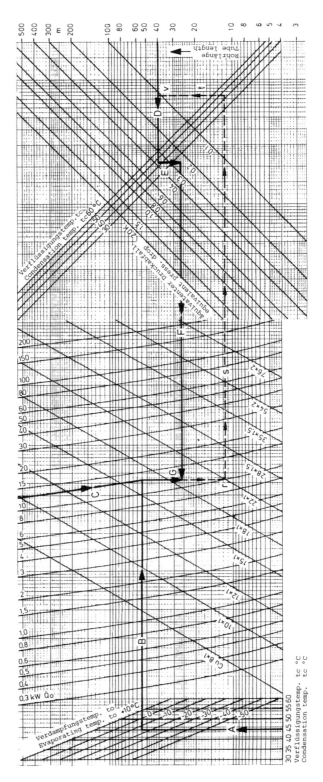

Cu-Druckleitung für R404 A

Beispiel

Gegeben: $\dot{Q} = 10$ kW, $t_o = -20\,°C$, $t_c = +40\,°C$
max. Druckabfall = 1 K, Rohrlänge ca. 80 m

Gesucht: Rohrleitungsdurchmesser

Lösung: Linie A – B und C, dann D – E – F ergibt Schnittpunkt G zwischen 22 × 1 und 28 × 1,5.

Gewählt: Rohrleitungsdurchmesser 22 × 1

Druckabfall: Linie r – t und D ergibt Schnittpunkt v. Äquivalenter Druckabfall für 80 m Rohrlänge beträgt 1,1 K.

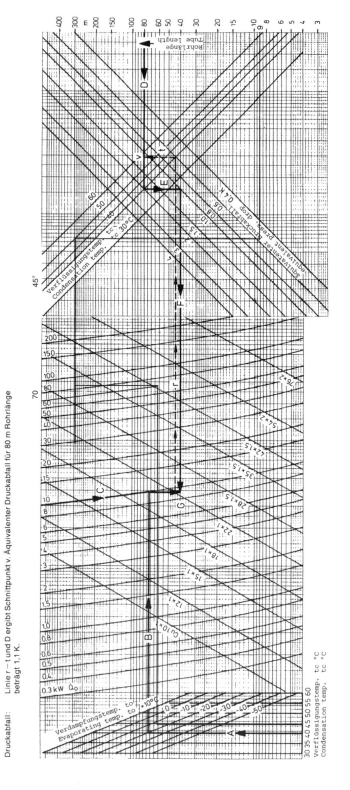

11.4 Tabellen und Nomogramme zur Rohrleitungsberechnung

Cu-Saugleitung für R134a

Beispiel

Gegeben: $\dot{Q}_0 = 4{,}65$ kW, $t_0 = -15\,°C$, $t_c = +40\,°C$
max. Druckabfall = 2 K, Rohrlänge 30 m

Gesucht: Rohrleitungsdurchmesser

Lösung: Linie A – B und C, dann D – E – F ergibt Schnittpunkt G zwischen 22 × 1 und 28 × 1,5.

Gewählt: Rohrleitungsdurchmesser 28 × 1,5

Überprüfung zwecks Ölrückführung:
Linie H – I – K ergibt $d_{i\,max} = 30$ mm
Da gewählter Durchmesser < 30 mm, ist Ölrückführung gewährleistet.

Druckabfall: Linie r – s – t und D ergibt Schnittpunkt v. Äquivalenter Druckabfall für 30 m Rohrlänge beträgt 1,3 K.

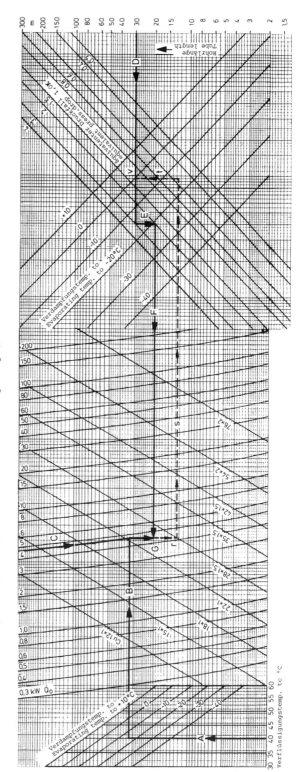

11 Bemessung kältemittelführender Rohrleitungen und Bauteile

Cu-Flüssigkeitsleitung für R134a

Beispiel

Gegeben: $\dot{Q}_o = 11{,}63$ kW, $t_o = -15\,°C$, $t_c = +35\,°C$
max. Druckabfall = 0,4 K, Rohrlänge 12 m

Gesucht: Rohrleitungsdurchmesser

Lösung: Linie A–B und C, dann D–E–F ergibt Schnittpunkt G zwischen 12 × 1 und 15 × 1.

Gewählt: Rohrleitungsdurchmesser 15 × 1

Druckabfall: Linie r – s – t und Verlängerung von D ergibt Schnittpunkt v. Äquivalenter Druckabfall für 12 m Rohrlänge beträgt 0,25 K.

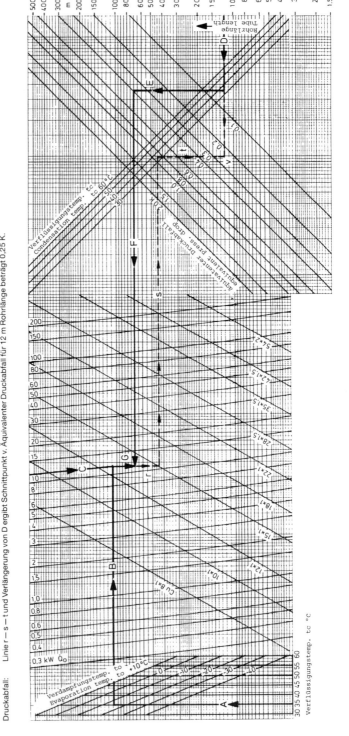

11.4 Tabellen und Nomogramme zur Rohrleitungsberechnung

Cu-Druckleitung für R134a

Beispiel

Gegeben: $\dot{Q}_O = 10$ kW, $t_O = -30\,°C$, $t_c = +45\,°C$
max. Druckabfall = 1,5 K, Rohrlänge 30 m

Gesucht: Rohrleitungsdurchmesser

Lösung: Linie A – B und C, dann D – E – F ergibt Schnittpunkt G zwischen 18 × 1 und 22 × 1.

Gewählt: Rohrleitungsdurchmesser 22 × 1

Überprüfung zwecks Ölrückführung:
Linie H – I ergibt $d_{max} = 33$ mm
Da gewählter Durchmesser < 33 mm, ist Ölrückführung gewährleistet.

Druckabfall: Linie r – t und Verlängerung von D ergibt Schnittpunkt v. Äquivalenter Druckabfall für 30 m Rohrlänge beträgt 1 K.

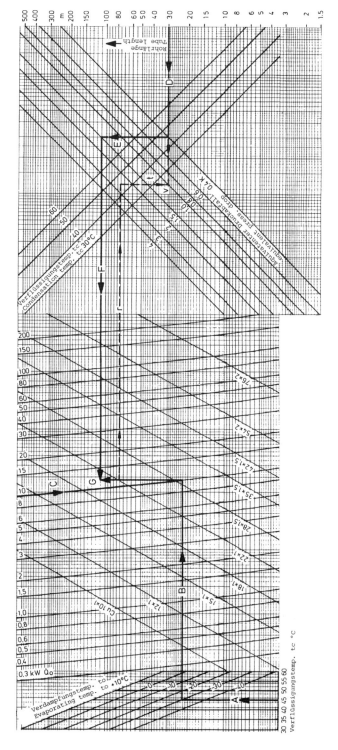

Einbauteil	Darstellung	Zeta - Wert	
Bogen 90°		R/d	ζ
		0,5	1,0
		0,75	0,5
		1,0	0,25
		1,5	0,15
		2,0	0,1
		3,0	0,1
		4,0	0,1
T-Stück		1,4	
T-Stück		1,4	
Erweiterung		α	ζ_1
		5°	0,15
		7,5°	0,20
		10°	0,25
		15°	0,4
Verengung	($\zeta_2 = 0,1$)	22,5°	0,6
		30°	0,8
		45°	0,9
		90°	1,0
Dehnungsausgleicher, Lyrabogen		$R \geq 3d$	0,4
		$R \geq 8d$	0
Wellrohrkompensator		2,0	
Muffe		1,0	

11.4 Tabellen und Nomogramme zur Rohrleitungsberechnung

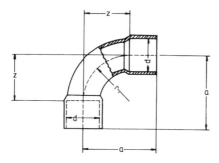

Ermittlung von *r/d*:

d	a	r	z
6	15	9	9
8	21	12	12
10	25	15	15
12	25	17	17
15	33	20,5	20,5
16	35	23	23
18	40	25	25
22	47	30	30
28	58	39	39
35	76	52,5	52,5
42	92	63	63
54	115	81	81
64	129	96	96
70	138	105	105
76	147	114	114
80	153	120	120
89	169,5	133,5	133,5
104	197	156	156
108	203	162	162

12. Maschinenraumlüftung

Bei natürlicher Lüftung:

$A = 0{,}14 \cdot \sqrt{G}$ in m² als Lüftungsquerschnitt ins Freie

mit:

G = Füllgewicht der Kälteanlage in kg; bei mehreren Anlagen wird die Anlage mit dem größten Füllgewicht zugrunde gelegt.

Bei mechanischer Lüftung:

$\dot{Q} = 50 \sqrt[3]{G^2}$ in $\dfrac{m^3}{h}$ als Förderleistung des Abluftventilators

mit:

G = Füllgewicht der Kälteanlage in kg; bei mehreren Anlagen wird die Anlage mit dem größten Füllgewicht zugrunde gelegt.

Entlüftung unter Berücksichtigung der Abfuhr der Maschinenwärme:

sind Verflüssigungssätze im Maschinenraum installiert, gilt für den Abluftvolumenstrom:

$\dot{V}_L = \dot{Q}_c \cdot 600$ in $\dfrac{m^3}{h}$ mit $\dot{Q}_c$ aller Verflüssigungssätze in kW aufaddiert

sind Einzelverdichter im Maschinenraum installiert, gilt für den Abluftvolumenstrom:

$\dot{V}_L = P_{KI} \cdot 60$ in $\dfrac{m^3}{h}$

mit:

P_{KI}: alle Verdichterklemmenleistungen in kW aufaddiert

Die **Zuluftöffnung** wird über das Kontinuitätsgesetz $\dot{V} = A \cdot w$ in $\dfrac{m^3}{s}$ wie folgt zurückgerechnet:

$A = \dfrac{\dot{V}}{w}$ in m²

$\dot{V}$ durch o. a. Berechnung gegeben

w in $\dfrac{m}{s}$ mit ca. $3\,\dfrac{m}{s}$ ansetzen

13 Tipps für Praktiker

13.1 Empfehlungen zur Thermostatanordnung am Verdampfer

1. z. B. TS1-E4F
2. z. B. TS1-F2A
3. z. B. TS1-F3A
4. z. B. TS1-F2S

ST ≙ Sicherheitsthermostat
NT ≙ Nachlaufthermostat
AT ≙ Alarmthermostat
RT ≙ Raumthermostat

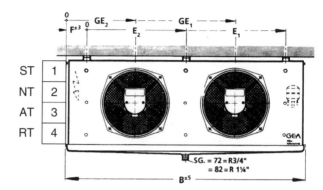

ad 1. Fühler mit Adsorptionsfüllung im Verdampferlamellenpaket
ad 2. Fühler mit Dampffüllung im Verdampferlamellenpaket
ad 3. Fühler mit Dampffüllung frei im Raum
ad 4: Fühler mit Dampffüllung frei im Raum

13.2 Empfehlung zur Festlegung von Abtauzeiten: Thermostateinstellung

		RT °C	AT °C	NT °C	ST °C
1. Tiefkühlraum, eiscreme sicher	2 × 60 Min/d	−24	−12	−15	+1
2. Tiefkühlraum	2 × 60 Min/d	−22	−10	−15	+1
3. Fleischkühlraum	4 × 20 Min/d	+1	+10	−5	+1
4. Wurstkühlraum	4 × 20 Min/d	+3	+10	−5	+1
5. Salzfleischkühlraum	4 × 20 Min/d	+5	+12	−4	+1
6. Molkereiproduktekühlraum	3 × 20 Min/d	+4	+10	−4	+1
7. Obst- und Gemüsekühlraum	3 × 20 Min/d	+2	+10	−4	+1
8. Käsekühlraum	4 × 20 Min/d	+3	+12	0	+1
9. Kühlraum ohne Heizung	2 × 60 Min/d	+6		0	
10. Blumenkühlraum	3 × 20 Min/d	+3	+12	0	+1
11. Tiefkühlinsel	2 × 60 Min/d	−18	−12		+1
12. Tiefkühlschrank	2 × 60 Min/d	−18	−12		+1
13. Kombi Set	2 × 60 Min/d	−18	−12		+1
14. Kühlregal	2 × 60 Min/d	+5			
15. Fleischtheke Umluft ohne Heizung	2 × 60 Min/d	+1	+7		
16. Backwarentheke, stille Kühlung	2 × 60 Min/d	+6			

13.3 Kühlstellenregler Kübatron

- **Bedarfsgerechte Abtauerkennung**
  - Optimaler Betrieb der Luftkühler
  - Energieeinsparung

- **Restwärmenutzung bei elektrischer Abtauheizung**
  - keine Dampfschwaden-Bildung mehr!

- **Latentwärme-Regelung**
  - weniger Verdichterlaufzeit
  - Energieeinsparung

QKL 2 B

Exakte Raumtemperaturregelung, wirtschaftliche Abtausteuerung und Notprogramm sind entscheidend für den zufriedenstellenden Betrieb einer Kälteanlage. Mikrocomputer, wie im KÜBATRON QKL, garantieren dies auf einfache Weise. Nur die Raumtemperatur wird eingestellt. Der Regler entscheidet selbstständig, wann und wie lange der Luftkühler abgetaut werden muss. Störungen zeigt er durch ein Diagnosesystem an und in extremen Notsituationen hat er ein abgespeichertes Notprogramm.

Einfache Handhabung:

- keine Einstell- oder Justierarbeiten
- Selbsttest der Elektronik

Kühlgutsicherung durch Notprogramme. Gleichzeitig Warngerät mit Signalkontakt. Befestigung auf Normschiene oder Wandmontage bzw. Schaltschranktüreinbau. Bei Montage außerhalb des Kühlraumes: Sensoranschlüsse: 3 und 5 Leiter.

Funktion nur mit KÜBA-Luftkühlern sichergestellt.

Echte Bedarfsabtauung:

Drei Wählbare Betriebsarten:

- Elektro-, Umluft- und Heißgasabtauung, Abtauheizungsregelung mit geringer Feuchte- und Wärmebelastung der Ware.

Optimale Kühlerventilator-Regelung:

- Mindestlaufzeitbegrenzung
- hohe relative Luftfeuchte

Technische Daten:

Versorgungsspannung:	230 V~, ±20%, 50/60 Hz, 2 VA
Abmessungen:	Höhe 96 mm, Breite 144 mm, Tiefe 104 mm
Relaisausgänge:	230 V~, 8 A (ohmsche Last)
Einsatzbereich:	$t_R = -29\ °C$ bis $+19\ °C$ (einstellbar in Stufen zu 1 K)
Regelgenauigkeit:	$\Delta t_R \leq \pm 0{,}5\ K$

13.4 Richtwertezusammenstellung zur Berechnung des Kältebedarfs

Luft- und Kühlersensor:	1 Sensor für Lufteintritt (t_{L1}) PT 1000 nach DIN IEC 751 Klasse B
Temperaturbereich:	−50 °C bis +150 °C, 3 Leiter, 1 Sensor für Luftkühler (t_K) − Wärmeleitrohr im Wärmetauscherpaket vorgesehen PT 1000 nach DIN IEC 751 Klasse B
Temperaturbereich:	−50 °C bis +150 °C, 5 Leiter Automatische Einstellung der Temperaturdifferenz beider Sensortemperaturen 0,5 K bis 1 K.

13.4 Richtwertezusammenstellung zur Berechnung des Kältebedarfs

1. Wärmedurchgangskoeffizienten in $\frac{W}{m^2 K}$

	Arbeitsräume	Normalkühlräume	Tiefkühlräume
Türen	3,0	0,6	0,3
Umhüllungsflächen	1,5	0,3	0,16
Fenster	2,8	−	−
Außenwand	0,7	−	−

2. spezifische Wärmekapazitäten in $\frac{kJ}{kg\,K}$

Molkereiprodukte:	3,15
Obst:	3,60
Gemüse:	3,80
Fleisch:	2,85
Wurst:	3,72
Tiefkühlprodukte:	1,76 (nach dem Erstarren)
Fisch:	3,15

3. Atmungswärme: 5,32 $\frac{kJ}{kg\,d}$

4. Kühlgutmasse auf Europalette
   (Europalette: B = 800 mm, H = 150 mm, T = 1190 mm, m = 25 kg)

   Obst:

Apfelsinen:	28 Boxen aus Pappe à 7 × 3 kg Säcke pro Box
Bananen:	36 Kartons à 18 kg pro Karton
Orangen:	36 Kisten à 10 Säcke mit 2 kg pro Sack
Bananen:	48 Kartons à 18 kg pro Karton
Birnen:	60 Kartons à 10 kg pro Karton
Trauben:	8 × 12 Stellagen à 4 kg pro Stellage
Äpfel:	76 Kartons à 7 kg pro Karton

Molkereiprodukte:

Rama:	432 x 0,60 kg pro Box
Schmand:	104 Stiegen à 20 Becher pro Stiege à 0,20 kg pro Becher
Milch:	72 Kartons à 12 Tüten pro Karton à 1 Liter pro Tüte
Buttermilch:	104 Kartons à 12 Becher pro Karton à 0,50 kg pro Becher
Margarine:	96 Kartons à 24 Becher pro Karton 0,25 kg pro Becher
Biogurt im Glas:	160 Boxen à 6 Gläser pro Box à 0,5 kg pro Glas
Bierflaschen-Kunststoffstapelkasten:	40 Kästen pro Palette

5. Fleisch

pro Meter Rohrbahn: 4 Schweinehälften à 40 kg pro magere Hälfte
oder 3 Rinderviertel à 75 kg pro Viertel

6. Wild

Wildschwein, Überläufer (einjährig), ausgeweidet à 25 kg
Reh. ausgeweidet à 10 kg

7. Fisch

Fisch-Kisten:	750 × 480 × 250 mm	40 kg Fisch, ohne Eis
	480 × 320 × 200 mm	20 kg Fisch, ohne Eis
Styropor-Kisten:	585 × 265 × 110 mm	5 kg Fischfilet
	585 × 265 × 160 mm	10 kg Fischfilet

8. Sonstiges

Wirsing:	32 Körbe à 7,5 kg pro Korb
Kartoffeln:	36 Boxen à 8 Säcke pro Box à 2,5 kg pro Sack
Eier:	24 Kisten à 210 Eier pro Kiste: 53 – 63 Gramm pro Ei; Eierschachtel für 10 Stück: 46 g
TK-Rollcontainer zur LKW-Verladung:	200 kg TK-Produkte 50 kg Eigengewicht

Holzsteigen für Äpfel, Birnen und Pfirsiche:
600 × 400 × 90 mm, einlagige Bestückung: 7 kg Obst
Holzkisten bzw. Kartons für Äpfel, Birnen, Pfirsiche:
500 × 300 × 300 mm: 20 kg Obst
Bierflaschen-Kunststoffstapelkasten: 10 l Bier
20 Flaschen, 0,5 l/Flasche: 0,380 kg/Flasche (Glas)
                               7,6 kg/Kasten
Kasten: 400 × 300 × 290 mm: 1,85 kg
Bierfässer. gängige Modelle:
Aluminium   30 l KEG, ⌀ 390 mm, H = 390 mm
Aluminium   50 l KEG, ⌀ 390 mm, H = 550 mm
Kunststoff 10 l KEG, ⌀ 300 mm, H = 330 mm

13.5 Richtkälteleistungen

Überdruckanlage für den Bereich Fleisch, Wurst- und Käsebedienung im Supermarkt:

Kühlregisterleistung: 700 W/m Thekenlänge
Zuluftvolumenstrom: 140 m³/h pro m Thekenlänge
Fleischvorbereitung: 350 W/m²; $t_R = +15$ °C
Frühanlieferungszone: 70 W/m³; $t_R = +15$ °C

Kühlregale, 5 Auslegeböden, Beleuchtung im Möbelkopf, Klimaklasse 3 nach EN 441-4

2,50 m Bauteil: $\dot{Q}_0 = 3000$ W, $t_0 = -10$ °C
3,75 m Bauteil: $\dot{Q}_0 = 4400$ W, $t_0 = -10$ °C

Bedienungstheken und SB-Theken

1,50 m Bauteil: $\dot{Q}_0 = 450$ W, $t_0 = -15$ °C
1,875 m Bauteil: $\dot{Q}_0 = 570$ W, $t_0 = -15$ °C
2,50 m Bauteil: $\dot{Q}_0 = 850$ W, $t_0 = -15$ °C
3,75 m Bauteil: $\dot{Q}_0 = 1100$ W, $t_0 = -15$ °C

Tiefkühlschränke

3 Türen: $\dot{Q}_0 = 1900$ W, $t_0 = -35$ °C
4 Türen: $\dot{Q}_0 = 2300$ W, $t_0 = -35$ °C
5 Türen: $\dot{Q}_0 = 3300$ W, $t_0 = -35$ °C

13.6 Ermittlung der Druckdifferenz am Expansionsventil

$\Delta p_{ges} = p_c - (p_0 + \Delta p_{FL} + \Delta p_{MV} + \Delta p_{TR} + \Delta p_{\text{Venturiverteiler + Verteilerrohre}})$ in bar

---

Praktikerformel:

$\Delta p_{ges} = p_c - p_0 - 1 - 1,5$ in bar

mit:

p_c = Verflüssigungsdruck $\qquad$ 1 = Ein bar Druckverlust für Rohrleitungen
p_0 = Verdampfungsdruck $\qquad$ 1,5 = Anderthalb bar Druckverlust für sonstige Einbauteile

---

Ermittlung der stabilen Arbeitsüberhitzung für das TEV:

1. Temperaturdifferenz TD zwischen Raumtemperatur und Verdampfungstemperatur gewählt: 8 – 10 K
2. $\Delta T_{\text{Arbeitsüberhitzung}} = 0,7 \times 8$ K oder $0,7 \times 10$ K

13.7 Ermittlung der Verflüssigungsleistung $\dot{Q}_c$ (überschlägig), luftgekühlter Verflüssiger

1. $\dot{Q}_{c,\,Nenn} = \dfrac{\dot{Q}_c \times 15\,K}{\Delta T_{tat}}$ mit

   $\dot{Q}_c = \dot{Q}_0 + P_{Klemme}$

   ΔT_{tat} = Temperaturdifferenz zwischen Zulufttemperatur und Verflüssigungstemperatur

   gewählt: Lufteintrittstemperatur: +32 °C bis +35 °C

   Verflüssigungstemperatur:
   Normalkühlung: +45 °C
   Tiefkühlung: +40 °C

   Standard-ΔT: 15 K

2. $\dot{Q}_{c,\,Nenn} = \dfrac{\dot{Q}_c}{f_2}$ mit $f_2 = \dfrac{t_c - t_{LE}}{\Delta T_{Standard}}$ mit

   t_c = Verflüssigungstemperatur
   t_{LE} = Lufteintrittstemperatur
   $\Delta T_{Standard}$ = 15 K

13.8 Immissonsrichtwerte für Immissionsorte außerhalb von Gebäuden nach der neuen Fassung der Technischen Anleitung zum Schutz gegen Lärm (TA-Lärm)

Die Immissionsrichtwerte für den Beurteilungspegel betragen für Immissionsorte außerhalb von Gebäuden

a) in Industriegebieten
   70 dB(A)

b) in Gewerbegebieten
   tags   65 dB(A)
   nachts 45 dB(A)

c) in Kerngebieten, Dorfgebieten und Kleinsiedlungsgebieten
   tags   60 dB(A)
   nachts 45 dB(A)

d) in allgemeinen Wohngebieten und Kleinsiedlungsgebieten
   tags   55 dB(A)
   nachts 40 dB(A)

e) in reinen Wohngebieten
   tags   50 dB(A)
   nachts 35 dB(A)

f) in Kurgebieten, für Krankenhäuser und Pflegeanstalten
   tags   45 dB(A)
   nachts 35 dB(A)

Einzelne kurzzeitige Geräuschspitzen dürfen die Immissionsrichtwerte am Tage um nicht mehr als 30 db(A) und in der Nacht um nicht mehr als 20 db(A) überschreiten.

13.9 Ermittlung der Verflüssigungstemperatur von luftgekühlten Verflüssigungssätzen

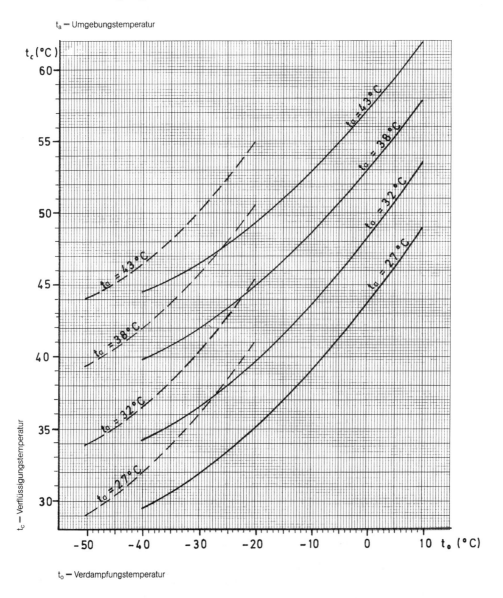

Diagramm zur Ermittlung der Verflüssigungstemperatur t_c in Abhängigkeit von der Verdampfungstemperatur t_0, der Umgebungstemperatur t_a und dem Einsatzbereich (NK oder TK-Bereich) von luftgekühlten Verflüssigungsansätzen

13.10 Mollier-h, x-Diagramm für feuchte Luft

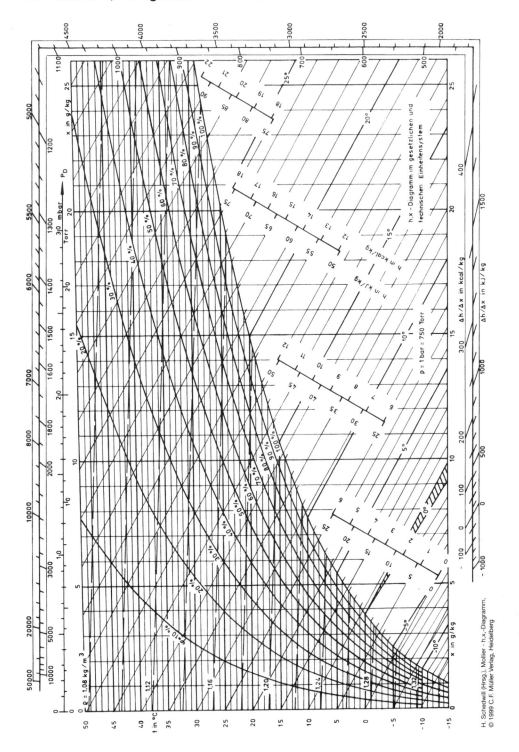

13.11 Psychrometer Tafel
(relative Luftfeuchtigkeit in %)

Trockenes Thermometer °C	Psychrometrische Differenz °C												
	0,5	1	1,5	2	2,5	3	3,5	4	4,5	5	5,5	6	6,5	7
−9	85	71												
−8	87	73	59	45										
−7	87	74	62	49	36	24								
−6	88	75	64	52	40	28								
−5	88	77	66	54	43	32								
−4	89	78	67	57	46	36								
−3	89	79	69	59	49	39	29	19						
−2	90	80	70	61	52	42	33	23						
−1	91	81	72	63	54	45	36	27						
0	91	82	73	64	56	47	39	31						
1	91	83	75	66	58	50	42	34	26	18				
2	92	84	76	68	60	52	45	37	30	22				
3	92	84	77	69	62	54	47	40	33	25				
4	92	85	78	70	63	56	49	42	36	29				
5	93	86	79	72	65	58	51	45	38	32	26	19		
6	93	86	79	73	66	60	53	47	41	35	29	23		
7	93	87	80	75	67	61	55	49	43	37	31	26	20	14
8	94	87	81	75	69	62	57	51	45	40	34	29	23	18
9	94	88	82	76	70	64	58	53	47	42	36	31	26	21
10	94	88	82	77	71	65	60	55	49	44	39	34	29	24
11	94	88	83	77	72	66	61	56	51	46	41	36	31	26
12	94	89	83	78	73	68	62	57	53	48	43	38	33	29
13	95	89	84	79	74	69	64	59	54	49	45	40	36	31
14	95	90	84	79	74	70	65	60	56	51	46	42	38	33
15	95	90	85	80	75	71	66	61	57	53	48	44	40	35
16	95	90	85	81	76	71	67	62	58	54	50	46	42	37
17	95	90	86	81	77	72	68	63	59	55	51	47	43	39
18	95	91	86	82	77	73	69	65	61	56	53	49	45	41
19	95	91	86	82	78	74	70	65	62	58	54	50	46	43
20	96	91	87	83	78	74	70	66	63	59	55	51	48	44
21	96	91	87	83	79	75	71	67	64	60	56	52	49	45
22	96	92	88	83	80	75	72	68	64	61	57	54	50	47
23	96	92	88	84	80	76	72	69	65	62	58	55	51	48
24	96	92	88	84	80	77	73	70	66	62	59	56	53	49
25	96	92	88	85	81	77	74	70	67	63	60	57	54	51
26	96	92	88	85	81	78	74	71	67	64	61	58	55	51
27	96	93	89	85	81	78	75	71	68	65	62	59	55	53
28	96	93	89	86	82	79	75	72	68	65	62	59	56	53
29	96	93	89	86	82	79	76	72	69	66	63	60	57	54
30	96	93	89	86	83	79	76	73	70	67	64	61	58	55

13.12 Berechnung der Leuchtenanzahl z.B. für Kühlhäuser, Kühlräume, Arbeitsräume

$n = \dfrac{p \times E_n \times A}{\Phi \times \eta_B}$ mit

p = Alterungsfaktor, Verminderung der Beleuchtungsstärke
hier: Planungsfaktor p, normal: 1,25

E_n = Nennbeleuchtungsstärke in Lux
hier: Tabellenwert für Fleischerei, Bäckerei, Verkaufsräume: 300 lx oder lm/m^2

$A = a \times b$ Raumfläche in m²

Φ = Lichtstrom des Leuchtmittels in lm
hier: z.B. Osram Typ L58W: 5400 lm

$\eta_B{}^*$ = Beleuchtungswirkungsgrad, mit: $\eta_B = \eta_{LB} \times \eta_R$

* um den Beleuchtungswirkungsgrad zu ermitteln, wird zuerst der Raumindex berechnet.

Raumindex = $k = \dfrac{l \times b}{h'(l+b)}$ mit l = Länge, b = Breite, h' = Höhe der Leuchten über der Arbeitshöhe in Metern

Das Tabellenbuch *Elektrotechnik* (Europa-Verlag) liefert bei freistrahlenden Leuchten einen Leuchtenbetriebswirkungsgrad η_{LB} = 90% und zugeordnet, bei berechnetem Raumindex k und einem Reflektionsgrad der Decke des gekühlten Raumes von 0,8 einen Raumwirkungsgrad η_R = 48%.

Damit wird:

$\eta_B = 0{,}90 \times 0{,}48 = 0{,}432$

Die Beleuchtungsstärke E in lx (Lux) ist das auftreffende Licht bezogen auf eine Fläche.

$E = \dfrac{\Phi}{A}$ in $\dfrac{lm}{m^2}$

13.13 Abkühlkurve Tiefkühlraum
A = 374 m², V = 2468 m³

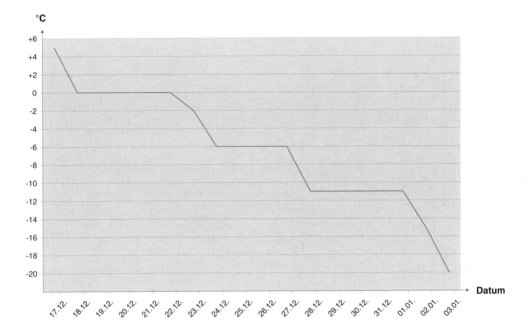

14 Kältemittel

14.1 *log p,h*-Diagramme

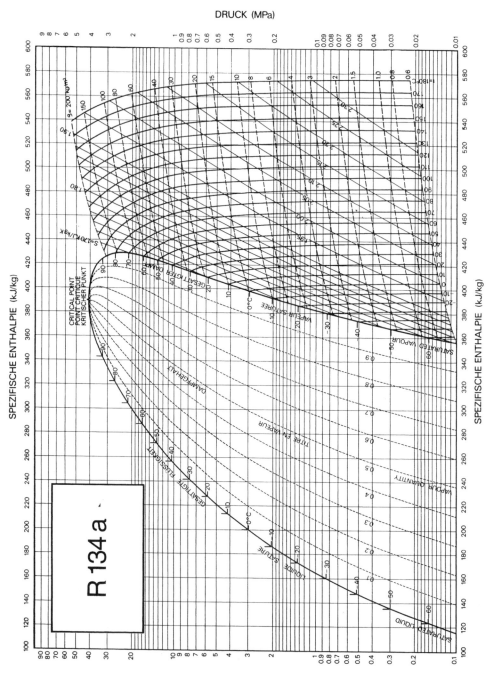

14.1 log p,h-Diagramme

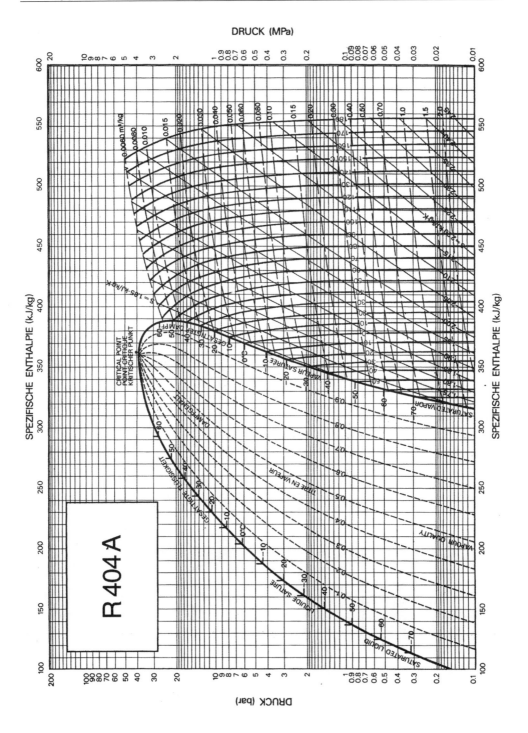

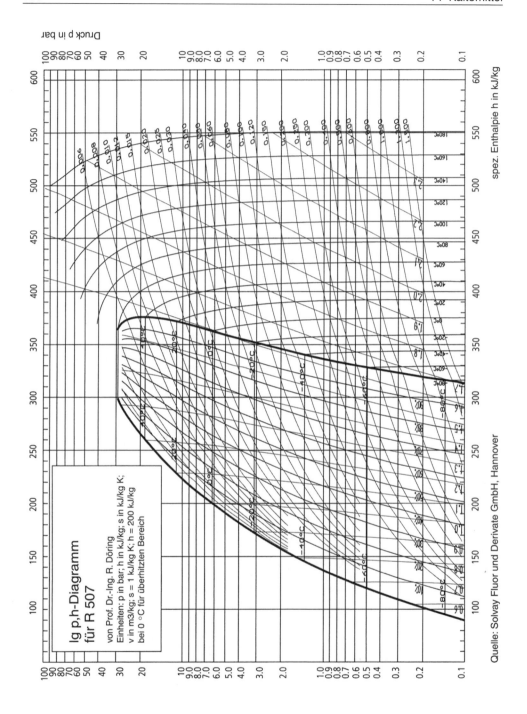

14.1 log p,h-Diagramme

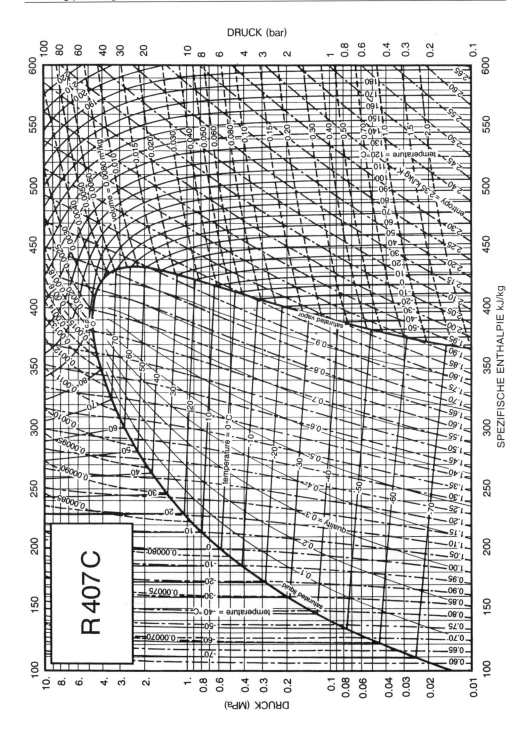

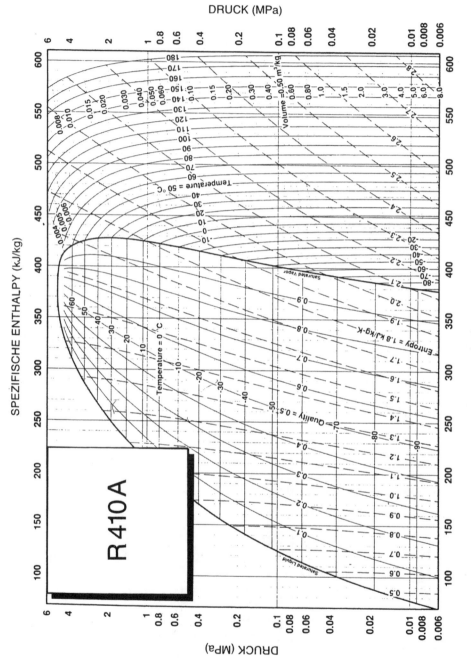

14.1 log p,h-Diagramme

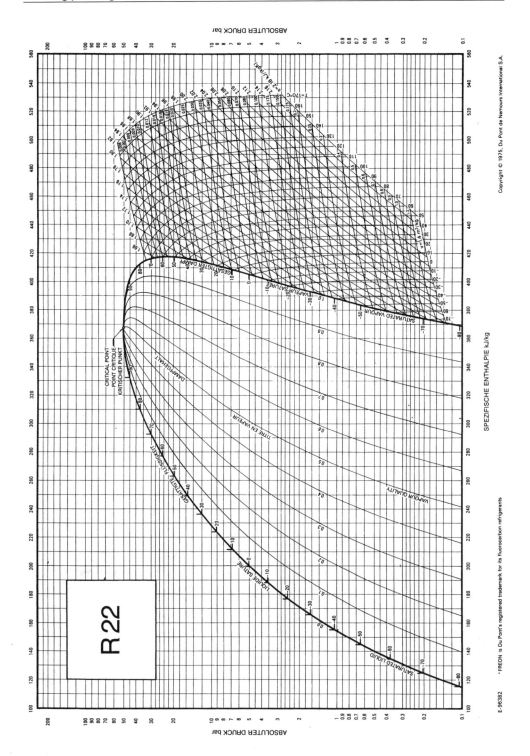

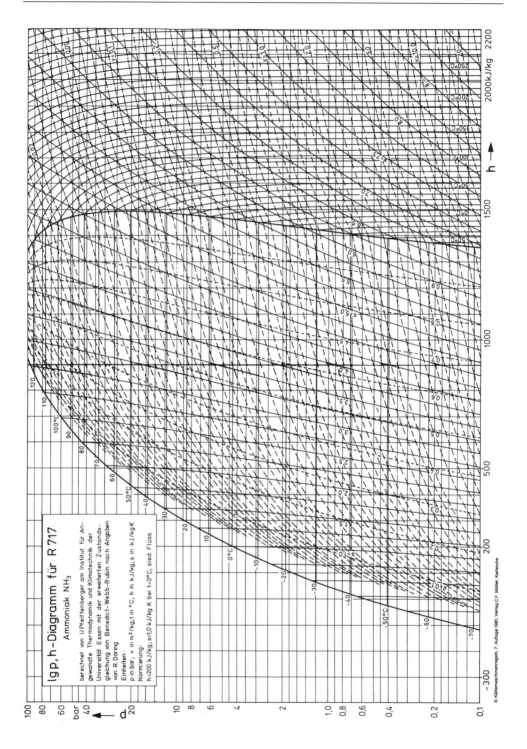

14.2 Dampfdruck-Tabellen

Bezeichnungen und chemische Formeln:

R 22	Chlordifluormethan	$CHClF_2$		R 402 A	Gemisch aus: R 22	$CHClF_2$
R 134 a	Tetrafluormethan	CH_2F-CF_3			R 125	CHF_2-CF_3
R 401 A	Gemisch aus: R 22	$CHClF_2$			R 290	C_3H_8
	R 152 a	CHF_2-CH_3		R 404 A	Gemisch aus: R 143 a	CH_3-CF_3
	R 124	$CHClF-CF_3$			R 125	CHF_2-CF_3
					R 134 a	CH_2F-CF_3

Dampfdruck-Tabelle für Kältemittel

Temperatur °C	R 22	R 134a	R 401A	R 402A	R 404A	R 407C flüssig	R 407C gasförmig	R 410A	R 413A flüssig	R 413A gasförmig	R 417A flüssig	R 417A gasförmig
−75	0,149	0,0548		0,2443	0,2050							
−74	0,159	0,0592		0,2716	0,2190							
−73	0,170	0,0639		0,2767	0,2340							
−72	0,181	0,0689		0,2939	0,2490							
−71	0,193	0,0742		0,3116	0,2650							
−70	0,206	0,0798		0,3321	0,2820							
−69	0,220	0,0858		0,3512	0,3000							
−68	0,234	0,0922		0,3721	0,3180							
−67	0,249	0,0989		0,3942	0,3380							
−66	0,264	0,1061		0,4172	0,3580							
−65	0,281	0,1137		0,4414	0,3800	0,3369	0,2080	0,4873				
−64	0,298	0,1218		0,4667	0,4030	0,3451	0,2205	0,5166				
−63	0,316	0,1303		0,4931	0,4270	0,3659	0,2350	0,5473				
−62	0,335	0,1393		0,5208	0,4520	0,3877	0,2502	0,5794				
−61	0,355	0,1488		0,5494	0,4780	0,4105	0,2662	0,6130				
−60	0,376	0,1589	0,2549	0,5795	0,5050	0,4344	0,2831	0,6482				
−59	0,398	0,1695	0,2703	0,6110	0,5330	0,4572	0,3006	0,6850				
−58	0,421	0,1807	0,2956	0,6439	0,5630	0,4833	0,3193	0,7234				
−57	0,445	0,1925	0,3025	0,6782	0,5940	0,5105	0,3388	0,7636				
−56	0,470	0,2049	0,3200	0,7139	0,6270	0,5389	0,3594	0,8055				
−55	0,497	0,2180	0,3384	0,7511	0,6610	0,5686	0,3809	0,8492				
−54	0,524	0,2317	0,3595	0,7899	0,6960	0,5994	0,4034	0,8947				
−53	0,553	0,2462	0,3797	0,8302	0,7330	0,6318	0,4271	0,9422				
−52	0,583	0,2614	0,4007	0,8725	0,7710	0,6656	0,4519	0,9917				
−51	0,614	0,2773	0,4228	0,9162	0,8110	0,7008	0,4778	1,0432				
−50	0,646	0,2941	0,4457	0,9616	0,8520	0,7374	0,5050	1,0969	0,511	0,321	0,699	0,538
−49	0,680	0,3116	0,4697	1,0087	0,8960	0,7756	0,5334	1,1526	0,536	0,340	0,732	0,566
−48	0,715	0,3300	0,4947	1,0576	0,9400	0,8154	0,5631	1,2106	0,536	0,361	0,767	0,595
−47	0,752	0,3493	0,5208	1,1084	0,9870	0,8568	0,5941	1,2709	0,590	0,382	0,803	0,625
−46	0,790	0,3695	0,5452	1,1612	1,0350	0,8998	0,6265	1,3335	0,619	0,404	0,841	0,656
−45	0,830	0,3906	0,5734	1,2158	1,0860	0,9445	0,6603	1,3986	0,648	0,427	0,880	0,689
−44	0,871	0,4127	0,6025	1,2725	1,1380	0,9922	0,6956	1,4661	0,679	0,451	0,920	0,723
−43	0,914	0,4358	0,6330	1,3313	1,1920	1,0405	0,7298	1,5361	0,711	0,476	0,962	0,758
−42	0,959	0,4599	0,6648	1,3922	1,2480	1,0907	0,7682	1,6087	0,744	0,503	1,006	0,794
−41	1,005	0,4851	0,6978	1,4552	1,3060	1,1428	0,8083	1,6840	0,779	0,530	1,051	0,832
−40	1,053	0,5114	0,7321	1,5205	1,3670	1,1968	0,8500	1,7621	0,814	0,559	1,097	0,872
−39	1,103	0,5388	0,7677	1,5881	1,4290	1,2528	0,8934	1,8429	0,851	0,589	1,145	0,913
−38	1,155	0,5674	0,8046	1,6579	1,4940	1,3109	0,9385	1,9266	0,890	0,620	1,195	0,955
−37	1,208	0,5973	0,8430	1,7302	1,5610	1,3710	0,9855	2,0132	0,929	0,653	1,247	1,000
−36	1,264	0,6283	0,8828	1,8049	1,6300	1,4334	1,0343	2,1029	0,970	0,687	1,300	1,045
−35	1,321	0,6607	0,9241	1,8818	1,7010	1,4978	1,0850	2,1956	1,013	0,723	1,355	1,093
−34	1,381	0,6943	0,9675	1,9611	1,7750	1,5645	1,1376	2,2915	1,057	0,759	1,412	1,142
−33	1,442	0,7293	1,0119	2,0431	1,8520	1,6335	1,1923	2,3906	1,102	0,798	1,471	1,193
−32	1,506	0,7658	1,0579	2,1277	1,9300	1,7048	1,2490	2,4930	1,150	0,838	1,532	1,246
−31	1,572	0,8036	1,1055	2,2150	2,0120	1,7786	1,3078	2,5988	1,198	0,879	1,595	1,301
−30	1,640	0,8430	1,1548	2,3050	2,0950	1,8548	1,3688	2,7080	1,248	0,922	1,660	1,358
−29	1,711	0,8838	1,2058	2,3979	2,1820	1,9336	1,4321	2,8208	1,300	0,967	1,727	1,416
−28	1,783	0,9262	1,2585	2,4936	2,2700	2,0150	1,4976	2,9371	1,354	1,014	1,796	1,477
−27	1,858	0,9702	1,3130	2,5923	2,3620	2,0990	1,5655	3,0572	1,410	1,062	1,867	1,540
−26	1,936	1,0159	1,3694	2,6939	2,4570	2,1859	1,6358	3,1810	1,467	1,112	1,940	1,605
−25	2,016	1,0632	1,4276	2,7986	2,5540	2,2756	1,7086	3,3086	1,526	1,164	2,016	1,672
−24	2,098	1,1123	1,4878	2,9065	2,6540	2,3682	1,7840	3,4401	1,587	1,218	2,094	1,741
−23	2,183	1,1631	1,5499	3,0175	2,7580	2,4636	1,8619	3,5756	1,650	1,273	2,174	1,813
−22	2,271	1,2158	1,6140	3,1317	2,8640	2,5620	1,9425	3,7152	1,715	1,331	2,257	1,886
−21	2,362	1,2703	1,6802	3,2493	2,9740	2,6634	2,0257	3,8590	1,782	1,391	2,342	1,963
−20	2,455	1,3267	1,7484	3,3702	3,0870	2,7679	2,1118	4,0070	1,851	1,453	2,430	2,042
−19	2,551	1,3851	1,8188	3,4946	3,2030	2,8755	2,2007	4,1593	1,922	1,517	2,520	2,123
−18	2,650	1,4454	1,8914	3,6224	3,3220	2,9863	2,2925	4,3160	1,995	1,583	2,613	2,207
−17	2,752	1,5078	1,9662	3,7538	3,4450	3,1004	2,3872	4,4772	2,070	1,651	2,709	2,293
−16	2,856	1,5723	2,0432	3,8889	3,5710	3,2178	2,4850	4,6430	2,148	1,722	2,807	2,382
−15	2,964	1,6390	2,1226	4,0276	3,7010	3,3386	2,5859	4,8134	2,228	1,795	2,908	2,474
−14	3,075	1,7078	2,2040	4,1698	3,8340	3,4629	2,6900	4,9886	2,310	1,870	3,012	2,568
−13	3,189	1,7789	2,2877	4,3156	3,9710	3,5907	2,7973	5,1686	2,395	1,948	3,118	2,666
−12	3,306	1,8522	2,3738	4,4652	4,1110	3,7221	2,9079	5,3535	2,482	2,029	3,228	2,766
−11	3,426	1,9279	2,4623	4,6188	4,2560	3,8571	3,0219	5,5434	2,571	2,112	3,341	2,869
−10	3,550	2,0060	2,5535	4,7764	4,4040	3,9959	3,1394	5,7385	2,663	2,197	3,456	2,976
−9	3,677	2,0865	2,6471	4,9381	4,5560	4,1384	3,2605	5,9387	2,757	2,285	3,575	3,085
−8	3,807	2,1695	2,7434	5,1039	4,7120	4,2848	3,3851	6,1442	2,854	2,376	3,697	3,198
−7	3,941	2,2551	2,8424	5,2740	4,8720	4,4352	3,5134	6,3551	2,954	2,470	3,822	3,313
−6	4,078	2,3432	2,9441	5,4483	5,0360	4,5895	3,6454	6,5715	3,057	2,567	3,950	3,432
−5	4,219	2,4339	3,0486	5,6269	5,2050	4,7479	3,7812	6,7934	3,162	2,666	4,082	3,554
−4	4,364	2,5274	3,1559	5,8100	5,3770	4,9104	3,9209	7,0209	3,270	2,768	4,216	3,680
−3	4,512	2,6236	3,2661	5,9975	5,5540	5,0771	4,0646	7,2542	3,380	2,874	4,355	3,809
−2	4,664	2,7226	3,3793	6,1896	5,7350	5,2481	4,2123	7,4934	3,494	2,982	4,497	3,941
−1	4,820	2,8245	3,4955	6,3864	5,9210	5,4234	4,3641	7,7385	3,611	3,094	4,642	4,078

Bezeichnungen und chemische Formeln:

R 407 C	Gemisch aus:	R 32	CH_2F_2
		R 125	CHF_2-CF_3
		R 134 a	CH_2F-CF_3
R 410 A	Gemisch aus:	R 32	CH_2F_2
		R 125	CHF_2-CF_3

R 413 A	Gemisch aus:	R 134 a	CH_2F-CF_3
		R 218	C_3F_8
		R 600 a	C_4H_{10}
R 417 A	Gemisch aus:	R 125	CF_3CHF_2
		R 134 a	CH_2F-CF_3
		R 600 a	C_4H_{10}

Dampfdruck-Tabelle für Kältemittel

Temperatur °C	Druck p in bar											
	R 22	R 134 a	R 401 A	R 402 A	R 404 A	R 407 C flüssig	R 407 C gasförmig	R 410 A	R 413 A flüssig	R 413 A gasförmig	R 417 A flüssig	R 417 A gasförmig
0	4,980	2,9293	3,6147	6,5878	6,1110	5,6032	4,5201	7,9896	3,730	3,208	4,791	4,217
1	5,143	3,0370	3,7370	6,7940	6,3060	5,7874	4,6804	8,2469	3,853	3,326	4,943	4,361
2	5,311	3,1478	3,8625	7,0051	6,5060	5,9761	4,8450	8,5103	3,979	3,448	5,099	4,508
3	5,483	3,2616	3,9911	7,2211	6,7100	6,1695	5,0140	8,7802	4,108	3,572	5,259	4,659
4	5,659	3,3785	4,1229	7,4421	6,9190	6,3675	5,1875	9,0564	4,240	3,700	5,423	4,813
5	5,839	3,4987	4,2579	7,6681	7,1330	6,5703	5,3656	9,3392	4,375	3,832	5,591	4,972
6	6,023	3,6221	4,3962	7,8994	7,3510	6,7780	5,5484	9,6286	4,514	3,966	5,762	5,135
7	6,211	3,7488	4,5378	8,1358	7,5750	6,9906	5,7359	9,9248	4,656	4,105	5,938	5,301
8	6,404	3,8788	4,6829	8,3775	7,8040	7,2081	5,9282	10,2277	4,801	4,247	6,118	5,472
9	6,601	4,0123	4,8316	8,6246	8,0380	7,4307	6,1255	10,5377	4,950	4,393	6,301	5,647
10	6,803	4,1492	4,9837	8,8771	8,2780	7,6579	6,3277	10,8546	5,103	4,543	6,489	5,826
11	7,010	4,2897	5,1395	9,1352	8,5220	7,8909	6,5350	11,1788	5,259	4,696	6,681	6,010
12	7,220	4,4337	5,2989	9,3989	8,7720	8,1291	6,7475	11,5102	5,418	4,854	6,878	6,198
13	7,436	4,5814	5,4620	9,6683	9,0280	8,3727	6,9652	11,8489	5,582	5,015	7,078	6,390
14	7,656	4,7328	5,6289	9,9434	9,2890	8,6217	7,1883	12,1951	5,749	5,180	7,283	6,587
15	7,881	4,8880	5,7996	10,2244	9,5560	8,8762	7,4168	12,5489	5,920	5,350	7,493	6,789
16	8,111	5,0470	5,9741	10,5113	9,8280	9,1363	7,6509	12,9104	6,094	5,523	7,707	6,995
17	8,346	5,2099	6,1526	10,8041	10,1060	9,4020	7,8905	13,2797	6,273	5,701	7,926	7,205
18	8,586	5,3768	6,3351	11,1031	10,3900	9,6735	8,1358	13,6570	6,455	5,883	8,149	7,421
19	8,831	5,5477	6,5217	11,4083	10,6810	9,9508	8,3870	14,0422	6,642	6,070	8,377	7,641
20	9,081	5,7226	6,7123	11,7196	10,9770	10,2340	8,6440	14,4356	6,832	6,261	8,609	7,866
21	9,337	5,9017	6,9071	12,0373	11,2790	10,5231	8,9070	14,8372	7,027	6,456	8,847	8,096
22	9,597	6,0850	7,1061	12,3615	11,5870	10,8183	9,1760	15,2472	7,226	6,656	9,089	8,331
23	9,836	6,2725	7,3094	12,6921	11,9020	11,1196	9,4512	15,6657	7,429	6,860	9,337	8,571
24	10,135	6,4644	7,5170	13,0292	12,2230	11,4271	9,7327	16,0928	7,636	7,069	9,589	8,816
25	10,411	6,6606	7,7290	13,3731	12,5500	11,7409	10,0206	16,5286	7,848	7,283	9,847	9,066
26	10,694	6,8613	7,9455	13,7237	12,8840	12,0611	10,3149	16,9732	8,064	7,501	10,109	9,322
27	10,982	7,0666	8,1664	14,0811	13,2250	12,3877	10,6157	17,4268	8,285	7,725	10,377	9,583
28	11,275	7,2764	8,3919	14,4454	13,5720	12,7208	10,9232	17,8894	8,510	7,953	10,650	9,849
29	11,574	7,4909	8,6220	14,8167	13,9260	13,0605	11,2375	18,3612	8,740	8,186	10,928	10,121
30	11,880	7,7101	8,8569	15,1951	14,2870	13,4069	11,5586	18,8424	8,974	8,425	11,212	10,398
31	12,191	7,9340	9,0961	15,5807	14,6550	13,7600	11,8867	19,3330	9,213	8,668	11,501	10,680
32	12,508	8,1628	9,3404	15,9736	15,0290	14,1200	12,2219	19,8331	9,456	8,917	11,795	10,968
33	12,831	8,3966	9,5896	16,3738	15,4110	14,4868	12,5642	20,3429	9,705	9,171	12,095	11,262
34	13,160	8,6353	9,8437	16,7814	15,8000	14,8607	12,9138	20,8625	9,958	9,430	12,401	11,562
35	13,496	8,8791	10,1030	17,1966	16,1970	15,2417	13,2708	21,3921	10,216	9,695	12,712	11,867
36	13,837	9,1280	10,3670	17,6193	16,6010	15,6298	13,6353	21,9316	10,479	9,965	13,029	12,178
37	14,185	9,3821	10,6360	18,0497	17,0120	16,0251	14,0074	22,4814	10,748	10,241	13,352	12,495
38	14,540	9,6414	10,9110	18,4880	17,4310	16,4278	14,3872	23,0415	11,021	10,522	13,681	12,818
39	14,901	9,9061	11,1900	18,9342	17,8580	16,8378	14,7748	23,6120	11,299	10,809	14,015	13,147
40	15,269	10,1762	11,4750	19,3883	18,2920	17,2553	15,1704	24,1931	11,583	11,102	14,356	13,481
41	15,643	10,4517	11,7650	19,8505	18,7340	17,6804	15,5741	24,7849	11,872	11,400	14,703	13,822
42	16,024	10,7328	12,0610	20,3208	19,1840	18,1131	15,9859	25,3874	12,166	11,705	15,055	14,169
43	16,412	11,0195	12,3620	20,7995	19,6420	18,5535	16,4060	26,0010	12,465	12,015	15,414	14,523
44	16,807	11,3120	12,6690	21,2864	20,1080	19,0017	16,8346	26,6256	12,770	12,332	15,779	14,882
45	17,209	11,6101	12,9810	21,7818	20,5830	19,4578	17,2717	27,2614	13,080	12,654	16,150	15,248
46	17,618	11,9142	13,2990	22,2858	21,0660	19,9218	17,7175	27,9086	13,396	12,983	16,528	15,620
47	18,034	12,2241	13,6220	22,7983	21,5570	20,3939	18,1720	28,5672	13,718	13,318	16,912	15,998
48	18,458	12,5400	13,9520	23,3196	22,0560	20,8740	18,6355	29,2375	14,045	13,659	17,303	16,383
49	18,888	12,8620	14,2870	23,8497	22,5650	21,3624	19,1080	29,9194	14,378	14,007	17,700	16,774
50	19,327	13,1902	14,6280	24,3887	23,0820	21,8590	19,5898	30,6133	14,716	14,361	18,103	17,172
51	19,773	13,5245	14,9750	24,9367	23,6070	22,2639	20,0808	31,3191	15,060	14,721	18,513	17,577
52	20,227	13,8652	15,3280	25,4939	24,1420	22,8772	20,5813	32,0371	15,411	15,089	18,930	17,988
53	20,688	14,2123	15,6870	26,0602	24,6860	23,3991	21,0915	32,7673	15,767	15,462	19,354	18,405
54	21,158	14,5658	16,0530	26,6358	25,2380	23,9294	21,6113	33,5099	16,129	15,843	19,784	18,830
55	21,635	14,9259	16,4240	27,2208	25,8000	24,4685	22,1411	34,2650	16,497	16,231	20,221	19,261
56	22,120	15,2927	16,8020	27,8153	26,3710	25,0162	22,6809	35,0328	16,871	16,625	20,666	19,698
57	22,614	15,6661	17,1860	28,4193	26,9520	25,5726	23,2309	35,8133	17,252	17,027	21,117	20,143
58	23,116	16,0464	17,5770	29,0330	27,5420	26,1379	23,7913	36,6068	17,638	17,435	21,575	20,594
59	23,627	16,4335	17,9740	29,6565	28,1420	26,7121	24,3621	37,4132	18,031	17,851	22,040	21,053
60	24,146	16,8276	18,3780	30,2898	28,7510	27,2952	24,9437	38,2328	18,430	18,274	22,513	21,518

Weitere physikalische Werte und Tabellen auf Anfrage.
Unser Kältemittelangebot siehe Kälte-Katalog, Montagematerial.

15 Kälteträger

15.1 Antifrogen L

Antifrogen L (blaue Einfärbung)

Antifrogen L ist ein Wärmeträger, der speziell für Wärme- und Kühlkreisläufe entwickelt wurde, bei denen ein Kontakt mit Lebensmitteln oder Trinkwasser nicht ausgeschlossen werden kann.
Antifrogen L kommt zur Anwendung in Solaranlagen zur Brauchwasserbereitung, bei Wärmepumpen in Trinkwasser-Einzugsgebieten, in Kühlkreisläufen der Getränke- und Lebensmittelindustrie.
Antifrogen L basiert auf dem physiologisch unbedenklichen 1,2 Propylenglykol.

Dichte von Antifrogen L-Wasser-Mischungen

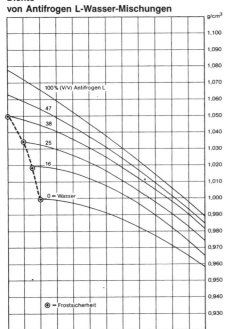

Kinematische Zähigkeit von Antifrogen L-Wasser-Mischungen

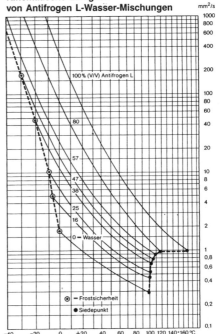

Spezifische Wärme von Antifrogen L-Wasser-Mischungen

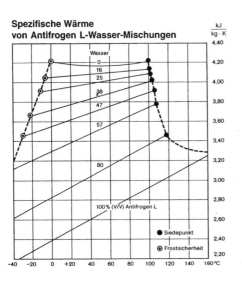

Frostsicherheit (Kristallisationspunkt nach DIN 51782) von Antifrogen L-Wasser-Mischungen

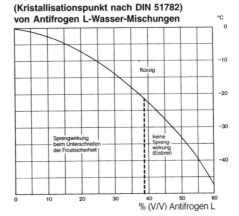

15.2 Antifrogen N

Antifrogen N (gelbe Einfärbung)

Antifrogen N ist ein Wärmeträger, der in Kühl-, Solar- und Wärmepumpenanlagen, Wärmerückgewinnungsanlagen, Warmwasser-Zentralheizungen, Fußbodenheizungen und Energiedächern zur Anwendung kommt.
Antifrogen N basiert auf Ethylenglykol.

Dichte von Antifrogen N-Wasser-Mischungen

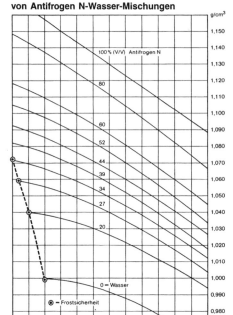

Kinematische Zähigkeit von Antifrogen N-Wasser-Mischungen

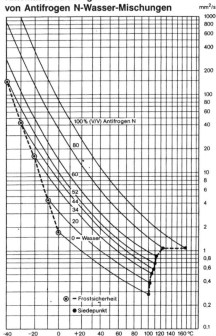

Spezifische Wärme von Antifrogen N-Wasser-Mischungen

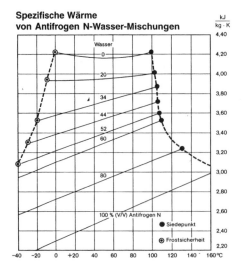

Frostsicherheit
(Kristallisationspunkt nach DIN 51782) von Antifrogen N-Wasser-Mischungen

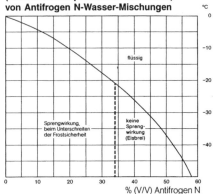

15.3 Auslegungsparameter

t_c ca. 5 K oberhalb von $t_{Wasseraustritt}$

Wassergeschwindigkeit: $w = 1{,}5$ bis $1{,}8\,\dfrac{m}{s}$

Kälteträgergeschwindigkeit: $w = 1{,}0$ bis $1{,}3\,\dfrac{m}{s}$

ΔT zwischen Kälteträgervorlauf- und Kälteträgerrücklauftemperatur ca. 3 K
ΔT zwischen t_R bzw. t_{Medium} und $t_{Kälteträger}$ ca. 5 K
ΔT zwischen $t_{Kälteträgeraustritt}$ und t_0 ca. 5 K
ΔT zwischen t_0 und $t_{Kälteträgererstarrung}$ ca. 8 K

Beispiel:

Abkühlung einer Antifrogen L-Wasser-Mischung in einem Bündelrohrverdampfer von $t_{ke} = -2\,°C$ auf $t_{ka} = -6\,°C$

t_{ke} = Temperatur Kälteträgereintritt; t_{ka} = Temperatur Kälteträgeraustritt
$t_0 = 6$ K unterhalb t_{ka}; daraus folgt: $t_0 = -12\,°C$
$t_{Kälteträgererstarrung} = 8$ K unterhalb t_0; daraus folgt $t_{Kälteträgererstarrung} = -20\,°C$

**Frostsicherheit
(Kristallisationspunkt nach DIN 51782)
von Antifrogen L-Wasser-Mischungen**

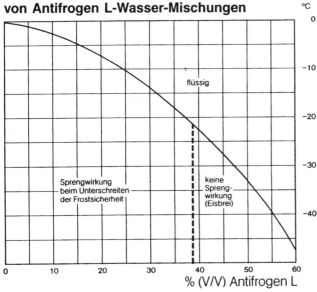

Mit dem Diagramm wird eine 38%ige Antifrogen L-Wasser-Mischung festgelegt.

Dichte von Antifrogen L-Wasser-Mischungen

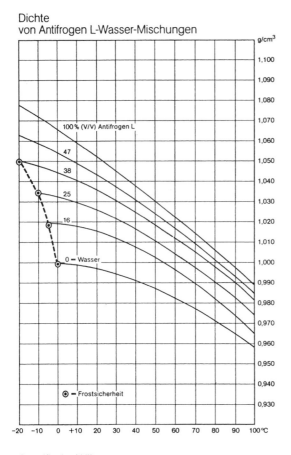

Für eine 38%ige Lösung Antifrogen L-Wasser bei einer Frostsicherheit von −20 °C wird im Diagramm eine Dichte r von 1,050 gr/cm^3 ≙ 1050 kg/m^3 ermittelt.

Spezifische Wärme von Antifrogen L-Wasser-Mischungen

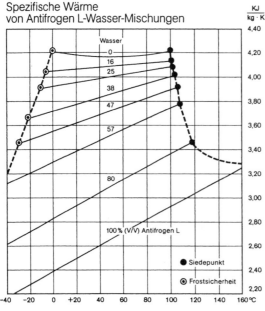

Für eine 38%ige Lösung Antifrogen L-Wasser bei einer Frostsicherheit von −20 °C wird im Diagramm eine spezifische Wärmekapazität $c = 3{,}68 \frac{kJ}{kgK}$ ermittelt.

15.3 Auslegungsparameter

$$\Delta T_m = \frac{\Delta T_1 - \Delta T_2}{\ln \frac{\Delta T_1}{\Delta T_2}}$$

$t_0 = -12\,°C$ \qquad\qquad $t_0 = -12\,°C$

$t_{ke} = -2\,°C$ \qquad\qquad $t_{ka} = -6\,°C$

$\Delta T_1 = 10\,K$ \qquad\qquad $\Delta T_2 = 6\,K$

$\Delta T_m = 7{,}83\,K$

Antifrogenmassenstrom:

gegebene Kälteleistung: $\dot{Q}_0 = 110\,\frac{kJ}{s}$

spezifische Wärmekapazität: $c = 3{,}68\,\frac{kJ}{kgK}$

$\Delta T_{Antifrogen} = 4\,K$

$\dot{m} = \dfrac{\dot{Q}_0}{c \cdot \Delta T}$ in $\dfrac{kg}{s}$

mit:

$\dot{Q}_0$ in $\dfrac{kJ}{s}$

c in $\dfrac{kJ}{kgK}$

ΔT in K

$\dot{m} = \dfrac{110}{3{,}68 \cdot 4} = 7{,}47$

$\dot{m} = 7{,}47\,kg/s$

Antifrogenvolumenstrom:

$\dot{V} = \dfrac{\dot{m}}{\varrho}$ in $\dfrac{m^3}{s}$

mit:

$\dot{m}$ in $\dfrac{kg}{s}$

ϱ in $\dfrac{kg}{m^3}$

$\dot{V} = \dfrac{7{,}47}{1050} = 0{,}00711$

$\dot{V} = 0{,}00711\,\dfrac{m^3}{s} \mathrel{\widehat{=}} 25{,}60\,\dfrac{m^3}{h}$

16 Wärmerückgewinnung

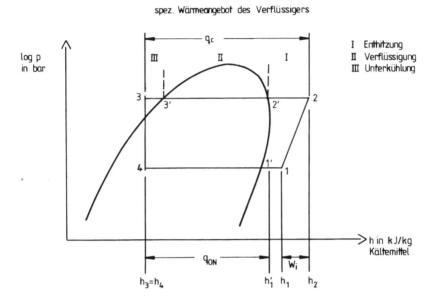

Die Enthitzungswärmeleistung aus dem Gebiet des überhitzten Dampfes, $\dot{Q}_{ü} = \dot{m}_R \cdot (h_2 - h'_2)$ eignet sich insbesondere dann zur Wärmerückgewinnung, wenn die erforderliche Brauchwassertemperatur ($t_w = +60\,°C$) höher als die Verflüssigungstemperatur liegt.

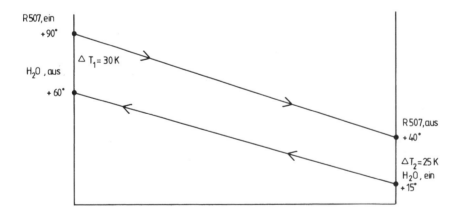

16 Wärmerückgewinnung

$$\Delta T_m = \frac{\Delta T_1 - \Delta T_2}{\ln \frac{\Delta T_1}{\Delta T_2}} \quad \text{in K}$$

$$\Delta T_m = \frac{30 - 25}{\ln \frac{30}{25}} = 27{,}42 \text{ K}$$

k-Wert, doppelwandiger Rohrenthitzer: 225 W/m²K (Herstellerangabe)

$\dot{Q}_{\ddot{u}} = 11$ kW (berechnet)

$$A = \frac{\dot{Q}_{\ddot{u}}}{k \cdot \Delta T_m} \quad \text{in m}^2$$

mit:

$\dot{Q}_{\ddot{u}}$ in W

k in $\frac{W}{m^2 K}$

ΔT_m in K

$$A = \frac{11\,000}{225 \cdot 27{,}42} = 1{,}78$$

Die Auswahl des entsprechenden Rohrenthitzers erfolgt über die Wärmetauscherfläche aus dem Herstellerprogramm.

Beispiel:

→ durchschnittliche tägliche Betriebszeit der Kälteanlage über das Jahr: 12 $\frac{h}{d}$

1. Rückgewinnbare Wärmemenge:

   $$Q_r = \dot{Q}_{\ddot{u}} \cdot \text{Betriebszeit} \quad \text{in } \frac{kWh}{d}$$

   mit:

   $\dot{Q}_{\ddot{u}}$ in kW

   Betriebszeit in $\frac{h}{d}$

2. vorgegebene Brauchwassertemperatur: $t_{wa} = +60\,°C$
   Temperatur Kaltwasserzulauf: $t_{we} = +15\,°C$
   $\Delta T_{H_2O} = 45$ K

3. erwärmbare Brauchwassermenge in $\frac{kg}{d}$

   $$\dot{m}_W = \frac{Q_r}{c_W \cdot \Delta T_W}$$

   $c_W = 1{,}164 \ \frac{Wh}{kgK} \triangleq 0{,}001164 \ \frac{kWh}{kgK}$

mit:

Q_r in $\dfrac{kWh}{d}$

c_w in $\dfrac{Wh}{kgK}$

ΔT_{H_2O} in K

Beispiel:

$\dot{Q}_\ddot{u} = 11\,000$ W

$t_{Anlage} = 12\,\dfrac{h}{d}$

3.1 $Q_r = 11\,000\,W \cdot 12\,\dfrac{h}{d} = 132\,000\,\dfrac{Wh}{d} \triangleq 132\,\dfrac{kWh}{d}$

3.2 $\dot{m}_W = \dfrac{132}{0{,}001164 \cdot 45} = 2.520{,}05$

$\dot{m}_W = 2.520{,}05\,\dfrac{kg}{d} \triangleq 2.520{,}05\,\dfrac{l}{d}$

WRG-Schaltung mit externem doppelwandigen Rohrenthitzer:

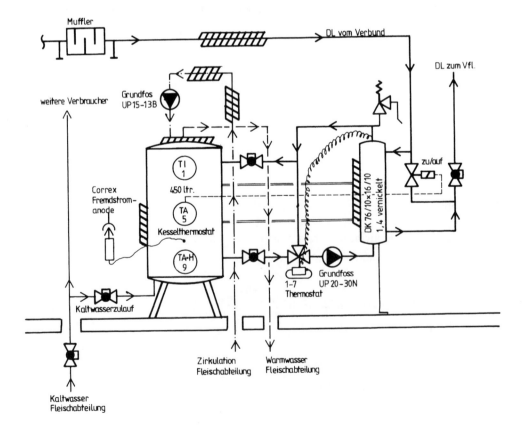

16 Wärmerückgewinnung

Legionellenschaltung:

Trinkwassererwärmer werden nach DVGW-Arbeitsblatt W511 in 2 Gruppen eingeteilt:

1. Kleinanlagen bis 400 Liter: – ohne Temperaturanforderungen –

2. Großanlagen über 400 Liter: am Trinkwasseraustritt muss eine Temperatur von t_{wa} = +60 °C eingehalten werden.

Wenn die WRG als Vorerwärmstufe eingesetzt wird, ist der gesamte Behälterinhalt einmal täglich auf +60 °C zu erwärmen.

Legionellenschaltung mit E-Heizung

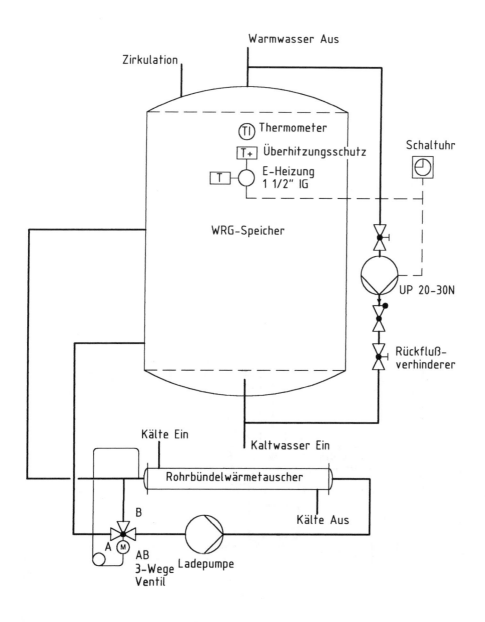

$W = P \cdot t$ in kWs mit P in kW
t in s

$Q = m \cdot c \cdot \Delta T$ in kWs mit m in kg

c in $\dfrac{\text{kWs}}{\text{kg K}}$

ΔT in K

$P \cdot t = m \cdot c \cdot \Delta T$ in kWs

In wieviel Minuten werden bei der Legionellenschaltung 450 Liter Trinkwasser von +55 °C (mit Kälteanlage aufgewärmt) auf +60 °C erwärmt? Leistung E-Heizpatrone: 4,5 kW; $h = 0{,}90$

Lösung: $t = \dfrac{m \cdot c \cdot \Delta T}{p \cdot \eta}$ in s

$t = \dfrac{450 \cdot 4{,}19 \cdot 5}{4{,}5 \cdot 0{,}90} \approx 2328$

$t = 2328 \text{ s} : 60 \, \dfrac{\text{s}}{\text{Min}} \approx 39 \text{ Min}$

Rohrleitungsverlegung bei WRG mit internem Wärmetauscher im Brauchwasserspeicher:

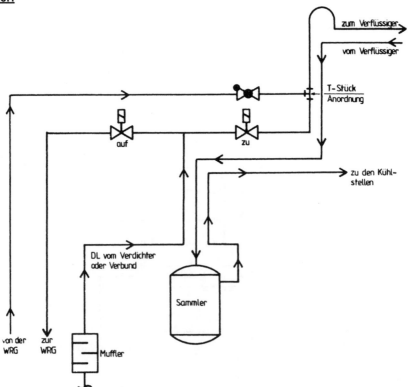

17 Symbole zur Erstellung von RI-Fließbildern für die Kältetechnik

(entnommen der elektronischen Symbolbibliothek für kältetechnische Fließbilder nach DIN EN 1861 – KSym, herausgegeben von der Bundesfachschule Kälte-Klima-Technik in Maintal)

Kältetechnische Symbolbibliothek nach DIN EN 1861
Rohrleitungen

Nr.	Name Symboldatei	Symbolbeschreibung gem. EN 1861	Symbol
1	Ausgang Links	Ausgang	⇦−
2	Ausgang Rechts	Ausgang	−⇨
3	Eingang Links	Eingang	⇨−
4	Eingang Rechts	Eingang	−⇦
5	Kapillare 01	Kapillare	⌐
6	Kapillare 02	Kapillare	⌐
7	Pfeil Links	Durchfluß / Bewegung in Pfeilrichtung	<
8	Pfeil Rechts	Durchfluß / Bewegung in Pfeilrichtung	>
9	Pfeil Oben	Durchfluß / Bewegung in Pfeilrichtung	∧
10	Pfeil Unten	Durchfluß / Bewegung in Pfeilrichtung	∨
11	Rohrleitung 01	Rohrleitung, beheizt oder gekühlt	═ ∙ ═
12	Schlauchleitung	Schlauchleitung	∼∼∼
13	Verbindung	Verbindung von Fließlinien bzw. Rohrleitungen	●
14	Wärmedämmung 01	Rohrleitung, wärmegedämmt	▨
15	Wärmedämmung 02	Rohrleitung, wärmegedämmt	▨

17 Symbole zur Erstellung von RI-Fließbildern für die Kältetechnik

Kältetechnische Symbolbibliothek nach DIN EN 1861
Absperrventile

Nr.	Name Symboldatei	Symbolbeschreibung gem. EN 1861	Symbol
1	Ventil 01	Ventil, allgemein	
2	Ventil 02	Ventil	
3	Ventil 03	Schieber	
4	Ventil 04	Absperrventil, gegen unbefugte Betätigung gesichert	
5	Ventil 05	Dreiwegeventil, allgemein	
6	Ventil 05 a	Dreiwegeventil, gegen unbefugte Betätigung gesichert	
7	Ventil 06	Kugelhahn	
8	Ventil 06a	Kugelhahn, gegen unbefugte Betätigung gesichert	
9	Ventil 07	Ventil, Eckform, allgemein	
10	Ventil 07 a	Kugelhahn, Eckform, allgemein	
11	Ventil 08	Ventil, Eckform, allgemein	
12	Ventil 08 a	Kugelhahn, Eckform, allgemein	
13	Ventil 09	Ventil, Eckform, gegen unbefugte Betätigung gesichert	
14	Ventil 09 a	Kugelhahn, Eckform, gegen unbefugte Betätigung gesichert	
15	Ventil 10	Ventil, Eckform, gegen unbefugte Betätigung gesichert	
16	Ventil 10 a	Kugelhahn, Eckform, gegen unbefugte Betätigung gesichert	
17	Ventil 11	Wechselventil, (schwarze Seite geschlossen)	
18	Ventil 12	Wechselventil, (schwarze Seite geschlossen)	
19	Ventil 13	Wechselventil, (schwarze Seite geschlossen)	
20	Ventil 14	Ventil, betriebsmässig absperrbar	
21	Ventil 15	Schraderventil	
22	Ventil 15 a	Schraderventil	
23	Ventil 15 b	Schraderventil	

17 Symbole zur Erstellung von RI-Fließbildern für die Kältetechnik

Kältetechnische Symbolbibliothek nach DIN EN 1861
Absperrventile

Nr.	Name Symboldatei	Symbolbeschreibung gem. EN 1861	Symbol
22	Ventil 16	Eckventil mit Messanschluss	
23	Ventil 16 a	Eckventil mit Messanschluss	
24	Vierwegeventil 01	Vierwegeventil, allgemein	
25	Klappe	Klappe	

Kältetechnische Symbolbibliothek nach DIN EN 1861
Rückflussverhinderer

Nr.	Name Symboldatei	Symbolbeschreibung gem. EN 1861	Symbol
1	Rückflussverhinderer 01	Rückflussverhinderer, allgemein	
2	Rückflussverhinderer 02	Rückflussverhinderer, Durchgangsform, Absperrbar	
3	Rückflussverhinderer 03	Rückflussverhinderer, Durchgangsform, Absperrbar	
4	Rückflussverhinderer Eckform 01	Rückflussverhinderer, Eckform	
5	Rückflussverhinderer Eckform 02	Rückflussverhinderer, Eckform	
6	Rückschlagklappe 01	Rückschlagklappe	
7	Rückschlagklappe 02	Rückschlagklappe	
8	Rückschlagventil 01	Rückschlagventil	
9	Rückschlagventil 02	Rückschlagventil	
10	Rückschlagventil 03	Rückschlagventil	
11	Rückschlagventil 04	Rückschlagventil	

17 Symbole zur Erstellung von RI-Fließbildern für die Kältetechnik

	Kältetechnische Symbolbibliothek nach DIN EN 1861 **Regelventile**		
Nr.	Name Symboldatei	Symbolbeschreibung gem. EN 1861	Symbol
1	E-Ventil 01	Thermostatisches Expansionsventil mit innerem Druckausgleich	
2	E-Ventil 01 R	Thermostatisches Expansionsventil mit innerem Druckausgleich	
3	E-Ventil 02	Thermostatisches Expansionsventil mit äusserem Druckausgleich	
4	E-Ventil 02 R	Thermostatisches Expansionsventil mit äusserem Druckausgleich	
5	E-Ventil 03	Elektronisches Expansionsventil	
6	E-Ventil 03 R	Elektronisches Expansionsventil	
7	E-Ventil 04	Automatisches Expansionsventil (Konstantdruck - Ventil)	
8	E-Ventil 04 R	Automatisches Expansionsventil (Konstantdruck - Ventil)	
9	Leistungsregler 01	Heissgas - Bypass - Regler (Eingang Links)	
10	Leistungsregler 02	Heissgas - Bypass - Regler (Eingang Rechts)	
11	Regelventil 01	Ventil mit stetigem Stellverhalten	
12	Regelventil 02	Ventil mit stetigem Stellverhalten, Durchgangsform	
13	Regelventil 03	Schieber mit stetigem Stellverhalten, Durchgangsform	
14	Regelventil 04	Klappe mit stetigem Stellverhalten	
15	Startregler 01	Startregler (Eingang Links)	
16	Startregler 02	Startregler (Eingang Rechts)	
17	Verdampferdruck-regler 01	Verdampferkonstantdruckregler (Eingang Links)	
18	Verdampferdruck-regler 02	Verdampferkonstantdruckregler (Eingang Links)	

17 Symbole zur Erstellung von RI-Fließbildern für die Kältetechnik

Kältetechnische Symbolbibliothek nach DIN EN 1861
Ventile / Fittings mit Sicherheitsfunktion

Nr.	Name Symboldatei	Symbolbeschreibung gem. EN 1861	Symbol
1	Berstscheibe 01	Berstscheibe (Eingang Links)	
2	Sicherheitsventil 01	Sicherheitsventil, allgemein (Eingang Links)	
3	Sicherheitsventil 01 a	Sicherheitsventil, allgemein (Eingang Rechts)	
4	Sicherheitsventil 02	Sicherheitsventil, Gewichtsbelastet, Durchgangsform (Eingang Rechts)	
5	Sicherheitsventil 02 a	Sicherheitsventil, Gewichtsbelastet, Durchgangsform (Eingang Links)	
6	Sicherheitsventil 03	Sicherheitsventil, Federbelastet, Eckform	
7	Sicherheitsventil 04	Sicherheitsventil, Federbelastet, Durchgangsform (Eingang Links)	
8	Sicherheitsventil 04 a	Sicherheitsventil, Federbelastet, Durchgangsform (Eingang Rechts)	
9	Sicherheitsventil 05	Berstscheibe & Sicherheitsventil, Durchgangsform	
10	Sicherheitsventil 05 a	Berstscheibe & Sicherheitsventil, Durchgangsform	
11	Sicherheitsventil 06	Berstscheibe & Sicherheitsventil, Eckform	
12	Sicherheitsventil 06 a	Berstscheibe & Sicherheitsventil, Eckform	

17 Symbole zur Erstellung von RI-Fließbildern für die Kältetechnik

Kältetechnische Symbolbibliothek nach DIN EN 1861
Stellantriebe

Nr.	Name Symboldatei	Symbolbeschreibung gem. EN 1861	Symbol
1	Stellantrieb 01	Antrieb, allgemein mit Hilfsenergie oder selbsttätig	
2	Stellantrieb 02	Antrieb durch Elektromotor	
3	Stellantrieb 03	Antrieb durch Elektromagnet	
4	Stellantrieb 04	Kolbenantrieb	
5	Stellantrieb 05	Membranantrieb	
6	Stellantrieb 06	Antrieb durch Druck des Arbeitsstoffes gegen fest eingestellte Gewichtskraft	
7	Stellantrieb 07	Antrieb durch Druck des Arbeitsstoffes gegen fest eingestellte Federkraft	
8	Stellantrieb 08	Antrieb durch Schwimmer	
9	Stellantrieb 09	Antrieb, Handbetätigt	
10	Stellantrieb 10	Bei Ausfall der Hilfsenergie ÖFFNEND	
11	Stellantrieb 11	Bei Ausfall der Hilfsenergie SCHLIESSEND	
12	Stellantrieb 12	Bei Ausfall der Hilfsenergie VERBLOCKT	
13	Stellantrieb 13	Bei Ausfall der Hilfsenergie SCHNELLSCHLIESSEND	
14	Stellantrieb 14	Bei Ausfall der Hilfsenergie SCHNELLSCHLIESSEND	
15	Stellantrieb 15	Manueller Stellantrieb, Durchgangsform	
16	Stellantrieb 16	Manueller Stellantrieb, Eckform	
17	Stellantrieb 17	Elektronisches Expansionsventil	
18	Stellantrieb 18	Konstantdruckventil	

17 Symbole zur Erstellung von RI-Fließbildern für die Kältetechnik

Kältetechnische Symbolbibliothek nach DIN EN 1861
Rohrleitungsteile

Nr.	Name Symboldatei	Symbolbeschreibung gem. EN 1861	Symbol
1	Rohrleitungsteil 01	Rohrleitungskompensator	
2	Rohrleitungsteil 02	Lösbare Verbindung	
3	Rohrleitungsteil 03	Reduzierstück, allgemein	
4	Rohrleitungsteil 04	Ventil mit lösbarer Verbindung	
5	Rohrleitungsteil 05	Trichter	
6	Rohrleitungsteil 06	Abflusstrichter mit Syphon	
7	Rohrleitungsteil 07	Auslass zur Atmosphäre	
8	Rohrleitungsteil 08	Schauglas	
9	Rohrleitungsteil 09	Schauglas mit Feuchtigkeitsindikator	
10	Rohrleitungsteil 10	Schalldämpfer	
11	Rohrleitungsteil 11	Messblende	
12	Rohrleitungsteil 12	Kondensatableiter	
13	Rohrleitungsteil 13	Niederdruck-Schwimmer (öffnet bei fallendem Stand)	
14	Rohrleitungsteil 14	Hochdruck-Schwimmer (öffnet bei steigendem Stand)	
15	Rohrleitungsteil 15	Verschlussdeckel, allgemein	
16	Rohrleitungsteil 16	Hutmutter	
17	Rohrleitungsteil 17	Rohrleitungsteil mit Verschluss	
18	Rohrleitungsteil 18	Verschluss allgemein, Leitungsabschluss	
19	Rohrleitungsteil 19	Messanschluss	
20	Rohrleitungsteil 20	Blindflansch	
21	Rohrleitungsteil 21	Schwimmerregler in einem Behälter	
22	Rohrleitungsteil 22	Schwimmerregler in einem Behälter	

17 Symbole zur Erstellung von RI-Fließbildern für die Kältetechnik

Kältetechnische Symbolbibliothek nach DIN EN 1861
Behälter

Nr.	Name Symboldatei	Symbolbeschreibung gem. EN 1861	Symbol
1	Behälter 01 A	Behälter, allgemein	
2	Behälter 02 A	Behälter mit gewölbten Böden	
3	Behälter 03 A	Kugelbehälter	
4	Behälter 04 A	Gasflasche	
5	Behälter 05 A	Behälter mit ebenem Deckel	
6	Behälter 06 A	Behälter mit gewölbtem Deckel	
7	Behälter 07 A	Offener Behälter mit konischem Boden	
8	Behälter 08 A	Sammler, allgemein, horizontale Anordnung	
9	Behälter 09 A	Sammler mit Absperrventilen, horizontale Anordnung	
10	Behälter 09 B	Sammler mit Flüssigkeitsabsperrventil, horizontale Anordnung	
11	Behälter 09 C	Sammler mit Absperrventilen, horizontale Anordnung	
12	Behälter 09 D	Sammler mit Flüssigkeitsabsperrventil, horizontale Anordnung	
13	Behälter 10	Behälter mit Dampfdom	
14	Behälter 11	Behälter mit Abscheider	
15	Behälter 12	Sammler, allgemein, vertikale Anordnung	
16	Behälter 13	Sammler, allgemein, vertikale Anordnung	

17 Symbole zur Erstellung von RI-Fließbildern für die Kältetechnik

Kältetechnische Symbolbibliothek nach DIN EN 1861
Behälter, Kolonnen, Chemische Reaktoren mit Einbauten

Nr.	Name Symboldatei	Symbolbeschreibung gem. EN 1861	Symbol
1	Behälter 01 B	Kolonne allgemein, Behälter mit Einbauten, allgemein	
2	Behälter 02 B	Behälter mit Austauschböden, allgemein Bodenkolonne, allgemein	
3	Behälter 03 B	Behälter mit Glockenboden, Glockenboden - Kolonne	
4	Behälter 04 B	Behälter mit Kaskadeneinbauten	
5	Behälter 05 B	Behälter mit Festbett, Kolonne mit Festbett	
6	Behälter 06 B	Behälter mit unregelmässiger Packungsanordnung	
7	Behälter 07 B	Behälter mit eingebautem Demisterpaket Unregelmässige Anordnung, z.B. Demisterpaket	
8	Behälter 08 B	Behälter mit Spritz- oder Prallblechen	
9	Behälter 09 B	Behälter mit eingebautem Demisterpaket Regelmässige Anordnung, z.B. Prallblech	
10	Behälter 10 B	NH_3 - Rektifikator mit Verstärkungs- und Abtriebsböden	

17 Symbole zur Erstellung von RI-Fließbildern für die Kältetechnik

Kältetechnische Symbolbibliothek nach DIN EN 1861
Einrichtungen zum Heizen oder Kühlen

Nr.	Name Symboldatei	Symbolbeschreibung gem. EN 1861	Symbol
1	Behälter 01 C	Behälter mit Einsteckrohrschlange	
2	Behälter 02 C	Behälter mit elektrischer Aussenbeheizung	
3	Behälter 03 C	Behälter mit Mantel	
4	Behälter 04 C	Behälter mit Feuerungssystem, Brenner	
5	Brenner	Feuerungssystem, Brenner	
6	Einsteckrohrschlange	Einsteckrohrschlange	
7	Heizung 01 C	Einrichtungen zum Heizen oder Kühlen, allgemein	

17 Symbole zur Erstellung von RI-Fließbildern für die Kältetechnik

Kältetechnische Symbolbibliothek nach DIN EN 1861
Wärmeaustauscher, Dampferzeuger

Nr.	Name Symboldatei	Symbolbeschreibung gem. EN 1861	Symbol
1	Entlüftungsapparat	Entlüftungsapparat	
2	WT 01	Dampfkessel	
3	WT 02	Doppelrohr-Wärmeaustauscher	
4	WT 03	Kühlturm, allgemein	
5	WT 04	Luftgekühlter Rippenrohr-Wärmeaustauscher	
6	WT 05	Platten-Wärmeaustauscher	
7	WT 06	Rieselkühler	
8	WT 07	Rippenrohr-Wärmeaustauscher	
9	WT 08	Rohrbündel-Wärmeaustauscher mit Festböden	
10	WT 09	Rohrbündel mit Schwimmkopf	
11	WT 10	Rohrbündel mit U-Rohr	
12	WT 11	Rohrbündel-Wärmeaustauscher mit Schwimmkopf	
13	WT 12	Rohrbündel-Wärmeaustauscher mit U-Rohr	
14	WT 13	Spiral-Wärmeaustauscher	
15	WT 14	Verdunstungsverflüssiger mit saugendem Ventilator	
16	WT 15	Wärmeaustauscher mit Kreuzung der Fließlinien	
17	WT 16	Wärmeaustauscher mit Rohrschlange	
18	WT 17	Wärmeaustauscher ohne Kreuzung der Fließlinien	
19	WT 18	Solargenerator	

17 Symbole zur Erstellung von RI-Fließbildern für die Kältetechnik

Kältetechnische Symbolbibliothek nach DIN EN 1861
Filter, Flüssigkeitsfilter, Filtertrockner

Nr.	Name Symboldatei	Symbolbeschreibung gem. EN 1861	Symbol
1	Filter 01	Filter, allgemein; Filterapparat, allgemein	
2	Filter 02	Flüssigkeitsfilter, allgemein	
3	Filter 03	Festbettfilter, z.B. Filtertrockner, Durchgangsform	
4	Filter 03 A	Festbettfilter, z.B. Filtertrockner, Durchgangsform	
5	Filter 04	Festbettfilter, z.B. Filtertrockner, Eckform	
6	Filter 05	Gasfilter, allgemein; Luftfilter, allgemein, Durchgangsform	
7	Filter 06	Gasfilter, allgemein; Luftfilter, allgemein, Eckform	
8	Filter 07	Taschenfilter, Kerzenfilter für Gase, Eckform	
9	Filter 08	Taschenfilter, Kerzenfilter für Gase, Durchgangsform	
10	Filter 09	Kerzenfilter, Durchgangsform	
11	Filter 10	Kerzenfilter, Eckform	
12	Filter 11	Aktivkohlefilter	
13	Filter 03 B	Festbettfilter, z.B. Filtertrockner, Eckform	

17 Symbole zur Erstellung von RI-Fließbildern für die Kältetechnik

Kältetechnische Symbolbibliothek nach DIN EN 1861
Abscheider

Nr.	Name Symboldatei	Symbolbeschreibung gem. EN 1861	Symbol
1	Abscheider 01	Abscheider, allgemein	
2	Abscheider 02	Abscheider mit Ausschleusung, allgemein	
3	Abscheider 03	Prallabscheider	
4	Abscheider 04	Prallabscheider mit Ausschleusung, allgemein	
5	Abscheider 05	Ölabscheider mit Schwimmerausschleusung	
6	Abscheider 06	Ölabscheider mit Schwimmerausschleusung	

Kältetechnische Symbolbibliothek nach DIN EN 1861
Rührer

Nr.	Name Symboldatei	Symbolbeschreibung gem. EN 1861	Symbol
1	Rührer 01	Rührer, allgemein	
2	Rührer 02	Propellerrührer	
3	Rührer 03	Rührer in einem Behälter für Eiswasserkühlung	

17 Symbole zur Erstellung von RI-Fließbildern für die Kältetechnik

Kältetechnische Symbolbibliothek nach DIN EN 1861
Flüssigkeitspumpen

Nr.	Name Symboldatei	Symbolbeschreibung gem. EN 1861	Symbol
1	Motor	Elektromotor mit Wellenabdichtung, allgemein	
2	Motor hermetisch	Hermetischer E. Motor, allgemein	
3	Pumpe 01	Pumpe, allgemein	
4	Pumpe 02	Kreiselpumpe	
5	Pumpe 03	Hubkolbenpumpe	
6	Pumpe 04	Membranpumpe	
7	Pumpe 05	Zahnradpumpe	
8	Pumpe 06	Schraubenspindelpumpe	
9	Pumpe 07	Strahlflüssigkeitspumpe	
10	Pumpe 08	Strahlflüssigkeitspumpe mit Zuführung des Treibmediums	
11	Pumpe 09	Kreiselpumpe mit E. Motor, allgemein	
12	Pumpe 10	Hubkolbenpumpe mit E. Motor, Wellenabdichtung nach aussen	
13	Pumpe 11	Kreiselpumpe mit hermetischem E. Motor	

17 Symbole zur Erstellung von RI-Fließbildern für die Kältetechnik

Kältetechnische Symbolbibliothek nach DIN EN 1861
Verdichter, Vakuumpumpen, Ventilatoren

Nr.	Name Symboldatei	Symbolbeschreibung gem. EN 1861	Symbol
1	Ventilator 01	Ventilator, allgemein	
2	Ventilator 02	Radialventilator	
3	Ventilator 03	Axialventilator	
4	Verdichter 01	Verdichter, Vakuumpumpe, allgemein	
5	Verdichter 02	Hubkolbenverdichter, Hubkolben-Vakuumpumpe	
6	Verdichter 03	Drehkolbenverdichter, Drehkolben-Vakuumpumpe	
7	Verdichter 04	Turboverdichter, Turbo-Vakuumpumpe	
8	Verdichter 05	Hubkolbenverdichter, Hubkolben-Vakuumpumpe	
9	Verdichter 06	Schraubenverdichter	
10	Verdichter 07	Rollkolbenverdichter	
11	Verdichter 08	Spiralverdichter	
12	Verdichter 09	Flüssigkeitsringverdichter, Flüssigkeitsring-Vakuumpumpe	
13	Verdichter 10	Strahlverdichter, Treibmittel-Vakuumpumpe	
14	Verdichter 11	Strahlverdichter mit Zuführung des Treibmediums	
15	Verdichter 12	Schraubenverdichter mit Drehstrom-Motor, allgemein	
16	Verdichter 13	Halb- oder hermetischer Verdichter mit Drehstrom-Motor, Saugdampfgekühlt	

17 Symbole zur Erstellung von RI-Fließbildern für die Kältetechnik

Kältetechnische Symbolbibliothek nach DIN EN 1861
Hebe-, Förder- und Transporteinrichtungen

Nr.	Name Symboldatei	Symbolbeschreibung gem. EN 1861	Symbol
1	Förder 01	Stetigförderer, allgemein	
2	Förder 02	Bandförderer, allgemein	
3	Förder 03	Bandförderanlage	

Kältetechnische Symbolbibliothek nach DIN EN 1861
Waagen

Nr.	Name Symboldatei	Symbolbeschreibung gem. EN 1861	Symbol
1	Waage 01	Waage, allgemein	
2	Waage 02	Bandwaage	
3	Waage 03	Plattformwaage mit Gasflasche	

Kältetechnische Symbolbibliothek nach DIN EN 1861
Verteileinrichtungen

Nr.	Name Symboldatei	Symbolbeschreibung gem. EN 1861	Symbol
1	Bodenkolonne	Bodenkolonne mit Sprühdüsen und eingetragener Anzahl der Böden	
2	Kühlturm	Kühlturm mit Wasserverteilerdüse	
3	Verteiler 01	Verteilerelement für Fluide; Spritzdüse	
4	Verteiler 02	Verteilerelement für Fluide; Spritzdüse	

17 Symbole zur Erstellung von RI-Fließbildern für die Kältetechnik

Kältetechnische Symbolbibliothek nach DIN EN 1861
Motoren, Kraftmaschinen, Antriebsmaschinen

Nr.	Name Symboldatei	Symbolbeschreibung gem. EN 1861	Symbol
1	Antrieb 01	Antriebsmaschine, allgemein	D
2	Antrieb 02	Elektromotor, allgemein	M
3	Antrieb 03	Verbrennungsmaschine	E
4	Antrieb 04	Pneumatische Antriebsmaschine	P
5	Antrieb 05	Hydraulische Antriebsmaschine	H
6	Antrieb 06	Gleichstrom-Motor, allgemein	M=
7	Antrieb 07	Wechselstrom-Motor, allgemein	M 1~
8	Antrieb 08	Drehstrom-Motor, allgemein	M 3~
9	Antrieb 09	Antriebsmaschine mit Expansion des Arbeitsstoffes; Turbine	

17 Symbole zur Erstellung von RI-Fließbildern für die Kältetechnik

Kältetechnische Symbolbibliothek nach DIN EN 1861
Verschiedenes

Nr.	Name Symboldatei	Symbolbeschreibung	Symbol
1	E-Ventil 01	Therm. Expansionsventil mit innerem Druckausgleich	
2	E-Ventil 02	Therm. Expansionsventil mit äusserem Druckausgleich	
3	E-Ventil 03	Elektronisches Expansionsventil	
4	Verdampfer 01	Verdampfer + E. Ventil mit innerem Druckausgleich (Axialventilator)	
5	Verdampfer 02	Verdampfer + E. Ventil mit äusserem Druckausgleich (Axialventilator)	
6	Verdampfer 03	Verdampfer + E. Ventil mit innerem Druckausgleich, elektr. Abtauheizung, Axialventilator	
7	Verdampfer 04	Verdampfer + E. Ventil mit äuserem Druckausgleich, elektr. Abtauheizung, Axialventilator	
8	Verdampfer 05	Verdampfer, allgemein, ohne elektr. Abtauheizung (Axialventilator)	
9	Verdampfer 06	Verdampfer, allgemein, mit elektr. Abtauheizung (Axialventilator)	
10	Verdampfer 07	Verdampfer, allgemein, ohne elektr. Abtauheizung (Radialventilator)	
11	Verdampfer 08	Verdampfer, allgemein, mit elektr. Abtauheizung (Radialventilator)	
12	Radial WT	Wärmetauscher mit Radialventilator, allgemein	
13	Axial WT	Wärmetauscher mit Axialventilator, allgemein	
14	FTRSG	Filter und Schauglas mit Feuchtigkeitsindikator	

17 Symbole zur Erstellung von RI-Fließbildern für die Kältetechnik

Kältetechnische Symbolbibliothek   MSR
Druck

Nr.	Name Symboldatei	Symbolbeschreibung	Symbol
1	Differenz-Druckmessgerät	Differenz-Druckmessgerät	(PDI)
2	Druckbegrenzer	Einrichtung zur Druckbegrenzung	(PS)
3	Druckbegrenzer max	Druckbegrenzer für steigenden Druck	(PZH)
4	Druckregler	Druck - Regelung / Steuerung	(PC)
5	Druckschalter mit Anzeige	Druckschalter mit Anzeige (Kontakt - Druckmessgerät)	(PISHL)
6	Druckwächter max	Druckwächter für steigenden Druck	(PSH)
7	Druckwächter min	Druckwächter für fallenden Druck	(PSL)
8	Messumformer für Druck	Messumformer für Druck	(PT)
9	Messumformer für Druck Anzeige	Messumformer für Druck, örtliche Anzeige	(PIT)
10	PI	Druckmessgerät	(PI)
11	Sicherheits-Differenzdruck max	Differenzdruckschalter, Einstellung Alarm max	(PDZAH)
12	Sicherheits-Differenzdruck min	Differenzdruckschalter, Einstellung Alarm min	(PDZAL)
13	Sicherheitsdruckbegrenzer max	Sicherheitsdruckbegrenzer für steigenden Druck	(PZHH)
14	Sicherheitsdruckschalter high	Sicherheitsdruckschalter, Einstellung / Alarm max	(PZAH)
15	Sicherheitsdruckschalter low	Sicherheitsdruckschalter, Einstellung / Alarm min	(PZAL)

17 Symbole zur Erstellung von RI-Fließbildern für die Kältetechnik

Kältetechnische Symbolbibliothek   MSR
Durchfluss

Nr.	Name Symboldatei	Symbolbeschreibung	Symbol
1	FZAH	Sicherheitsschalter durch Strömung betätigt (Alarm / max)	(FZAH)
2	FZAL	Sicherheitsschalter durch Strömung betätigt (Alarm / min)	(FZAL)

Kältetechnische Symbolbibliothek   MSR
MSR - Qualität

Nr.	Name Symboldatei	Symbolbeschreibung	Symbol
1	MSR 1	Ausgabe und Bedienung	○
2	MSR 2	Ausgabe und Bedienung	⬭
3	MSR 3	Prozessleitwarte	⬭
4	MSR 4	Prozessleitwarte	⊖
5	MSR 5	Örtlicher Leitstand	⊖
6	MSR 6	Örtlicher Leitstand	⊜

Qualität

Nr.	Name Symboldatei	Symbolbeschreibung	Symbol
1	Gaskonzentration	Messung der Gaskonzentration Anzeige und Alarm bei NH_3	(QIA) NH_3

17 Symbole zur Erstellung von RI-Fließbildern für die Kältetechnik

Kältetechnische Symbolbibliothek
Stand

Nr.	Name Symboldatei	Symbolbeschreibung	Symbol
1	Messumformer	Messumformer für Stand	LT
2	Schalter	Schalter	LS
3	Sicherheitsschalter max	Sicherheitsschalter, Stand, Einstellwert / Alarm max	LZAH
4	Sicherheitsschalter min	Sicherheitsschalter, Stand, Einstellwert / Alarm min	LZAL
5	Standanzeiger	Standanzeiger	LI
6	Standmessung	Standmessung mit Anzeige im Leitstand / Prozessleitwarte	LI

Kältetechnische Symbolbibliothek   MSR
Temperatur

Nr.	Name Symboldatei	Symbolbeschreibung	Symbol
1	Fühler	Temperaturfühler, allgemein	
2	Messumformer mit Anzeige	Messumformer für Temperatur mit Anzeige	TIT
3	Messumformer Temperatur	Messumformer für Temperatur	TT
4	Temperaturschalter1	Temperaturschalter	TSHL
5	Temperaturschalter2	Temperaturschalter mit Anzeige (Kontakt Therm.)	TISHL
6	Temperaturschalter3	Sicherheitstemperaturschalter, Einstellung / Alarm max	TZAH
7	Temperaturschalter4	Sicherheitstemperaturschalter, Einstellung / Alarm min	TZAL
8	Thermometer	Thermometer	TI
9	Thermometer Anzeige	Thermometer mit Anzeige und Registrierung in Leitwarte / Leitstelle	TIR

18 Formeln

18.1 Grundformeln

Formelzeichen und Einheiten der Elektrotechnik (Auszug)

Formelzeichen	Bedeutung	Einheitenzeichen	Bemerkung
Q	Elektrische Ladung	C	Coulomb, $1\,C = 1\,As$
U	Elektrische Spannung	V	Volt, $1\,V$
C	Elektrische Kapazität	F	Farad, $1\,F = \dfrac{As}{V}$
I	Elektrische Stromstärke	A	Ampere
S	Elektrische Stromdichte	$\dfrac{A}{mm^2}$	
L	Induktivität	H	Henry, $1\,H = \dfrac{Vs}{A}$
R	Elektrischer Widerstand	Ω	Ohm, $1\,\Omega = \dfrac{1\,V}{1\,A}$
G	Elektrischer Leitwert	S	Siemens, $1\,S = \dfrac{1}{\Omega}$
ϱ	Spezifischer Widerstand	Ωm	
$\varkappa$	Leitfähigkeit	$\dfrac{S}{m}$	
X	Blindwiderstand	Ω	
B	Blindleitwert	S	$B = \dfrac{1}{X}$
Z	Scheinwiderstand	Ω	
Y	Scheinleitwert	S	
W	Energie, Arbeit	Ws	
P	Wirkleistung	W	
Q	Blindleistung	W	$1\,W = 1\,var$
S	Scheinleistung	W	$1\,W = 1\,VA$
φ	Phasenverschiebungswinkel	rad	
$\cos\varphi$	Leistungsfaktor	1	
ΔT	Temperaturdifferenz	K	K = Kelvin

18.1 Grundformeln

Elektrischer Stromkreis

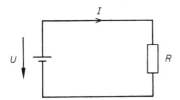

Elektrische Stromstärke

$I = \dfrac{Q}{t}$ in $\dfrac{As}{s} = A$ (Ampere)

mit: I = Elektrische Stromstärke in A
Q = Elektrische Ladung in As
t = Zeit in s

Elektrische Stromdichte

$S = \dfrac{I}{A}$ in $\dfrac{A}{mm^2}$

mit: S = Elektrische Stromdichte in $\dfrac{A}{mm^2}$
I = Elektrischer Strom in A
A = Leiterquerschnitt in mm²

Ohmsches Gesetz

$I = \dfrac{U}{R}$ in $\dfrac{V}{\Omega} = A$

mit: I = Stromstärke in A
U = Spannung in V
R = Widerstand in Ω

Elektrischer Leitwert

$G = \dfrac{1}{R}$

mit:

G = Elektrischer Leitwert in $\dfrac{1}{\Omega} = S$ (Siemens)
R = Elektrischer Widerstand in Ω

Leitungswiderstand

$R_L = \dfrac{\varrho \cdot \ell}{A}$ in $\dfrac{\frac{\Omega \cdot mm^2}{m} \cdot m}{mm^2} = \Omega$

mit:

R_L = Leitungswiderstand in Ω
ϱ = spezifischer Widerstand in $\dfrac{\Omega \cdot mm^2}{m}$
ℓ = Leiterlänge in m
A = Leiterquerschnitt in mm²

oder mit $\varkappa = \dfrac{1}{\varrho}$

$R_L = \dfrac{\ell}{\varkappa \cdot A}$ in $\dfrac{m}{\dfrac{m}{\Omega \cdot mm^2} \cdot mm^2} = \Omega$

mit: $\varkappa$ = Leitfähigkeit in $\dfrac{m}{\Omega \cdot mm^2}$

Widerstandsänderung infolge Temperaturänderung

$\Delta R = R_K \cdot \alpha \cdot \Delta T$ in $\Omega \cdot \dfrac{1}{K} \cdot K = \Omega$

mit: ΔR = Widerstandsänderung in Ω
α = Temperaturbeiwert in $\dfrac{1}{K}$
ΔT = Temperaturerhöhung (bezogen auf 20 °C) in K

Warmwiderstand

$R_W = R_K + \Delta R$

oder

$R_W = R_K + R_K \cdot \alpha \cdot \Delta T$

oder

$R_W = R_K (1 + \alpha \cdot \Delta T)$

mit: R_W = Warmwiderstand in Ω
R_K = Kaltwiderstand (Widerstand bei 20 °C) in Ω
ΔR = Widerstandsänderung in Ω

Reihenschaltung von Widerständen

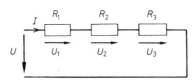

Gesamtspannung

$U = U_1 + U_2 + U_3$

oder

$U = U_1 + U_2 + \ldots + U_n$

mit:
U = Gesamtspannung in V
U_1 = Spannungsfall am Widerstand R_1 in V
U_2 = Spannungsfall am Widerstand R_2 in V
U_3 = Spannungsfall am Widerstand R_3 in V
U_n = Spannungsfall am Widerstand R_n in V

Gesamtwiderstand

$R = R_1 + R_2 + R_3$

oder

$R = R_1 + R_2 + \ldots + R_n$

mit:
R = Gesamtwiderstand (Ersatzwiderstand) in Ω
R_1, R_2, R_3, R_n = Teilwiderstände in Ω

18.1 Grundformeln

Verhältnisse bei einer Reihenschaltung

$$\frac{U_1}{R_1} = \frac{U_2}{R_2} = \ldots = \frac{U}{R}$$

Parallelschaltung von Widerständen

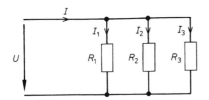

Gesamtstrom

$I = I_1 + I_2 + I_3$

oder

$I = I_1 + I_2 + \ldots I_n$

mit:
I = Gesamtstrom in A
I_1 = Strom durch R_1 in A
I_2 = Strom durch R_2 in A
I_3 = Strom durch R_3 in A
I_n = Strom durch R_n in A

Gesamtwiderstand

$$\frac{1}{R} = \frac{1}{R_1} + \frac{1}{R_2} + \frac{1}{R_3}$$

oder

$$\frac{1}{R} = \frac{1}{R_1} + \frac{1}{R_2} + \ldots + \frac{1}{R_n}$$

mit: R = Gesamtwiderstand
(Ersatzwiderstand) in Ω
R_1, R_2, R_3, R_n = Teilwiderstände in Ω

Verhältnisse bei Parallelschaltung

$I_1 \cdot R_1 = I_2 \cdot R_2 = \ldots = I \cdot R$

Brückenschaltung

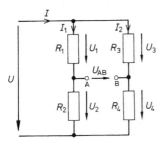

Widerstandsverhältnis bei abgeglichener Brücke ($U_{AB} = 0$ V)

$$\frac{R_1}{R_2} = \frac{R_3}{R_4}$$

mit: R_1 bis R_4 = Brückenwiderstände in Ω

Brückenspannung

$$U_{AB} = U \cdot \left(\frac{R_3}{R_3 + R_4} - \frac{R_1}{R_1 + R_2} \right) \text{ in V}$$

mit: U_{AB} = Brückenspannung in V
U = Gesamtspannung in V

Elektrische Arbeit

$W = U \cdot Q$ in VAs = Ws

oder

$W = U \cdot I \cdot t$

mit: W = Elektrische Arbeit in Ws (kWh)
U = Spannung in V
I = Stromstärke in A
t = Zeit in s

Elektrische Leistung

$P = U \cdot I$ in VA = W

oder

$$P = \frac{U^2}{R}$$

oder

$P = I^2 \cdot R$

mit: P = Elektrische Leistung in W
U = Spannung in V
I = Stromstärke in A

Elektrische Leistung und Zählerkonstante

$$P = \frac{N}{c_Z} \text{ in kW}$$

mit: P = Elektrische Leistung in kW
N = Anzahl der Umdrehungen der Zählerscheibe pro Stunde
c_Z = Zählerkonstante in $\frac{1}{\text{kWh}}$

Elektrischer Wirkungsgrad

$$\eta = \frac{P_{ab}}{P_{zu}}$$

mit: η = Elektrischer Wirkungsgrad (ohne Einheit)
P_{ab} = abgegebene Leistung in W (kW)
P_{zu} = zugeführte Leistung in W (kW)

Verlustleistung

$P_V = P_{zu} - P_{ab}$

mit: P_V = Verlustleistung in W (kW)
P_{zu} = zugeführte Leistung in W (kW)
P_{ab} = abgegebene Leistung in W (kW)

Gesamtwirkungsgrad

$\eta_{Ges} = \eta_1 \cdot \eta_2 \cdot \ldots \cdot \eta_n$

mit: η_{Ges} = Gesamtwirkungsgrad
$\eta_1; \eta_2; \eta_n$ = Einzelwirkungsgrade

18.1 Grundformeln

Kapazität eines Kondensators

$$C = \frac{Q}{U} \text{ in } \frac{As}{V} = F \text{ (Farad)}$$

oder

$$C = \varepsilon_0 \cdot \varepsilon_r \cdot \frac{A}{d}$$

mit: C = Kapazität in $\frac{As}{V} = F$
Q = Elektrische Ladung in As
U = Spannung in V
ε_0 = Elektrische Feldkonstante
$\left(9{,}86 \cdot 10^{-12} \frac{As}{Vm}\right)$
ε_r = Dieelektrizitätszahl
A = Plattenfläche in mm^2
d = Plattenabstand mm

Parallelschaltung von Kondensatoren

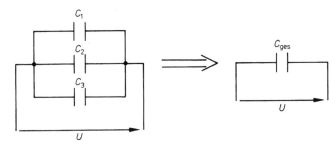

$$C_{Ges} = C_1 + C_2 + C_3$$

oder

$$C_{Ges} = C_1 + C_2 + \ldots + C_n$$

mit: C_{Ges} = Gesamtkapazität
C_1, C_2, C_3, C_n = Einzelkapazitäten

Reihenschaltung von Kondensatoren

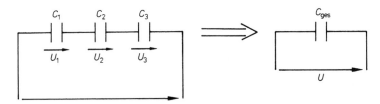

$$\frac{1}{C_{Ges}} = \frac{1}{C_1} + \frac{1}{C_2} + \frac{1}{C_3}$$

oder

$$\frac{1}{C_{Ges}} = \frac{1}{C_1} + \frac{1}{C_2} + \ldots + \frac{1}{C_n}$$

mit: C_{Ges} = Gesamtkapazität
C_1, C_2, C_3, C_n = Einzelkapazitäten

Zeitkonstante eines Kondensators

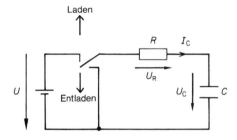

$\tau = R \cdot C$ in $\Omega \cdot F = \dfrac{V}{A} \cdot \dfrac{As}{V} = s$ mit: τ = Zeitkonstante in s
R = Widerstand in Ω
C = Kapazität in $F = \dfrac{As}{V}$

Ladevorgang eines Kondensators

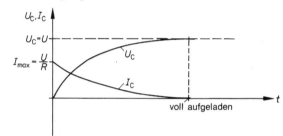

$U_C = U \cdot (1 - e^{-t/\tau})$

$I_C = \dfrac{U}{R} \cdot e^{-t/\tau}$

Entladevorgang eines Kondensators

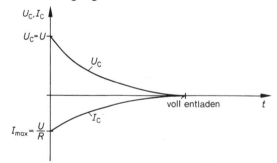

$U_C = U \cdot e^{-t/\tau}$

$I_C = -\dfrac{U}{R} \cdot e^{-t/\tau}$

mit: I_C, U_C = Strom und Spannung nach einer bestimmten Zeit t
U = angelegte Gesamtspannung in V
C = Kapazität in F
R = Widerstand in Ω
τ = Zeitkonstante in s
e = Eulersche Zahl (e = 2,718...)
t = betrachteter Zeitpunkt

Spannungsfall im Gleichstromnetz

$$U_V = \frac{I \cdot \ell}{\varkappa \cdot A} \quad \text{in} \quad \frac{A \cdot m}{\frac{m}{\Omega \cdot mm^2} \cdot mm^2} = \frac{A}{\Omega} = \frac{\frac{V}{\Omega}}{\frac{1}{\Omega}} = V$$

mit: U_V = Spannungsfall in V
I = Stromaufnahme in A
ℓ = Leiterlänge in m
(doppelte Leiterlänge)
$\varkappa$ = Leitfähigkeit in $\frac{m}{\Omega \cdot mm^2}$
A = Leiterquerschnitt in mm^2

Leistungsverlust eines Gleichstromverbrauchers

$$P_V = \frac{\ell \cdot P^2}{\varkappa \cdot A \cdot U^2} \quad \text{in} \quad \frac{m \cdot W^2}{\frac{m}{\Omega \cdot mm^2} \cdot mm^2 \cdot V^2} = \frac{W^2}{\frac{V^2}{\Omega}} = \frac{W^2}{W} = W$$

18.2 Formeln Wechselstrom

Frequenz

$$f = \frac{1}{T} \quad \text{in} \quad \frac{1}{s} = Hz \text{ (Hertz)}$$

mit: f = Frequenz in Hz
T = Periodendauer in s

Kreisfrequenz

$$\omega = \frac{2\pi}{T}$$

mit: ω = Kreisfrequenz in Hz
T = Periodendauer in s

Effektivwert sinusförmiger Größen

$$U_{eff} = U = \frac{\hat{u}}{\sqrt{2}}$$

mit: U_{eff}, I_{eff} = Effektivwerte von Spannung und Strom
$\hat{u}, \hat{i}$ = Maximalwerte von Spannung und Strom

und

$$I_{eff} = I = \frac{\hat{i}}{\sqrt{2}}$$

Mathematische Beschreibung einer sinusförmigen Wechselspannung

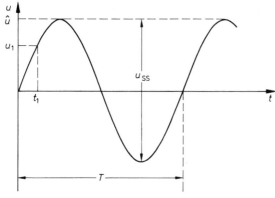

$u = \hat{u} \cdot \sin(\omega \cdot t)$

mit
u = Spannungswert zum Zeitpunkt t
$\hat{u}$ = Maximalwert der Spannung
ω = Kreisfrequenz
t = Zeitpunkt des Spannungswertes

Induktive Blindleistung

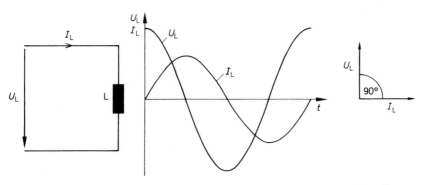

Liniendiagramm　　　　　Zeigerdiagramm

$Q_L = U_L \cdot I_L$ in $V \cdot A = \text{var}$

mit: Q_L = Induktiver Blindleistung in var
U_L = Spannung an der Induktivität in V
I_L = Strom durch die Induktivität in A

Induktiver Blindwiderstand

$X_L = \dfrac{U_L}{I_L}$ in $\dfrac{V}{A} = \Omega$

oder

$X_L = \omega \cdot L$ in $\dfrac{1}{s} \cdot \dfrac{Vs}{A} = \dfrac{V}{A} = \Omega$

mit: X_L = Induktiver Blindwiderstand in Ω
U_L = Spannung an der Induktivität in V
I_L = Strom durch die Induktivität in A
ω = Kreisfrequenz in $\dfrac{1}{s}$
L = Induktivität in $\dfrac{Vs}{A}$ = H (Henry)

Kapazitive Blindleistung

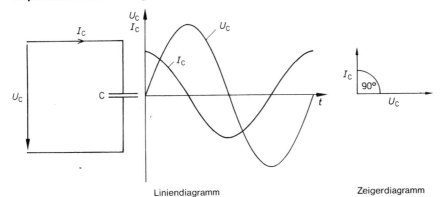

Liniendiagramm   Zeigerdiagramm

$Q_C = U_C \cdot I_C$ in $V \cdot A =$ var

mit: $Q_C =$ Induktive Blindleistung in var
$U_C =$ Spannung am Kondensator in V
$I_C =$ Strom am Kondensator in A

Kapazitiver Blindwiderstand

$X_C = \dfrac{U_C}{I_C}$ in $\dfrac{V}{A} = \Omega$

oder

$X_C = \dfrac{1}{\omega \cdot C}$ in $\dfrac{1}{\frac{1}{s} \cdot \frac{As}{V}} = \dfrac{V}{A} = \Omega$

mit: $X_C =$ Kapazitiver Blindwiderstand in Ω
$U_C =$ Spannung am Kondensator in V
$I_C =$ Strom am Kondensator in A
$\omega =$ Kreisfrequenz in $\dfrac{1}{s}$
$C =$ Kapazität in $\dfrac{As}{V} =$ F (Farad)

Reihenschaltung Induktivität und Ohmscher Widerstand

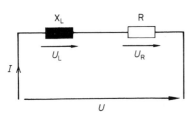

Ersatzschaltbild einer Reihenschaltung

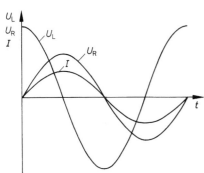

Liniendiagramm
einer Reihenschaltung X_L und R

Zeigerdiagramme:

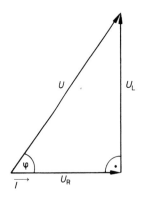

$U^2 = U_L^2 + U_R^2$ oder $U = \sqrt{U_R^2 + U_R^2}$

$\sin \varphi = \dfrac{U_L}{U}$

$\cos \varphi = \dfrac{U_R}{U}$

$\tan \varphi = \dfrac{U_L}{U_R}$

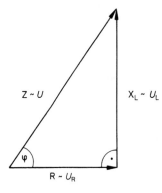

$Z^2 = X_L^2 + R^2$ oder $Z = \sqrt{X_L^2 + R^2}$

mit:

Z = Scheinwiderstand in Ω

$\sin \varphi = \dfrac{X_L}{Z}$

$\cos \varphi = \dfrac{R}{Z}$

$\tan \varphi = \dfrac{X_L}{R}$

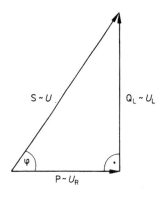

$S^2 = Q_L^2 + P^2$ oder $S = \sqrt{Q_L^2 + P^2}$

mit:

S = Scheinleistung in VA

$\sin \varphi = \dfrac{Q_L}{S}$

$\cos \varphi = \dfrac{P}{S}$

$\tan \varphi = \dfrac{Q_L}{P}$

Parallelschaltung Induktivität und Ohmscher Widerstand

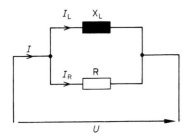

Ersatzschaltbild einer Parallelschaltung

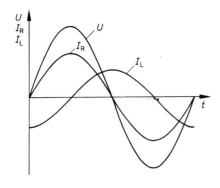

Liniendiagramm einer Parallelschaltung X_L und R

Zeigerdiagramme:

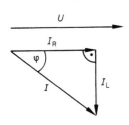

$$I^2 = I_L^2 + I_R^2 \quad \text{oder} \quad I = \sqrt{I_L^2 + I_R^2}$$

$$\sin \varphi = \frac{I_L}{I}$$

$$\cos \varphi = \frac{I_R}{I}$$

$$\tan \varphi = \frac{I_L}{I_R}$$

$$\left(\frac{1}{Z}\right)^2 = \left(\frac{1}{X_L}\right)^2 + \left(\frac{1}{R}\right)^2 \quad \text{oder} \quad \frac{1}{Z} = \sqrt{\left(\frac{1}{X_L}\right)^2 + \left(\frac{1}{R}\right)^2}$$

$$\sin \varphi = \frac{Z}{X_L}$$

$$\cos \varphi = \frac{Z}{R}$$

$$\tan \varphi = \frac{R}{X_L}$$

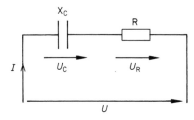

$$S^2 = Q_L^2 + P^2 \quad \text{oder} \quad S = \sqrt{Q_L^2 + P^2}$$

$$\sin \varphi = \frac{Q_L}{S}$$

$$\cos \varphi = \frac{P}{S}$$

$$\tan \varphi = \frac{Q_L}{P}$$

Reihenschaltung Kondensator und Ohmscher Widerstand

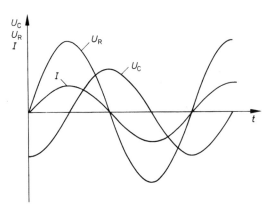

Ersatzschaltbild einer Reihenschaltung

Liniendiagramm einer Reihenschaltung X_C und R

Zeigerdiagramme:

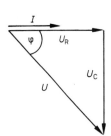

$$U^2 = U_C^2 + U_R^2 \quad \text{oder} \quad U = \sqrt{U_C^2 + U_R^2}$$

$$\sin \varphi = \frac{U_C}{U}$$

$$\cos \varphi = \frac{U_R}{U}$$

$$\tan \varphi = \frac{U_C}{U_R}$$

18.2 Formeln Wechselstrom

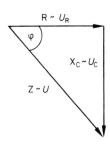

$$Z^2 = X_C^2 + R^2 \quad \text{oder} \quad Z = \sqrt{X_C^2 + R^2}$$

$$\sin \varphi = \frac{X_C}{Z}$$

$$\cos \varphi = \frac{R}{Z}$$

$$\tan \varphi = \frac{X_C}{R}$$

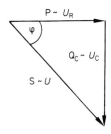

$$S^2 = Q_C^2 + P^2 \quad \text{oder} \quad S = \sqrt{Q_C^2 + P^2}$$

$$\sin \varphi = \frac{Q_C}{S}$$

$$\cos \varphi = \frac{P}{S}$$

$$\tan \varphi = \frac{Q_C}{P}$$

Parallelschaltung Kondensator und Ohmscher Widerstand

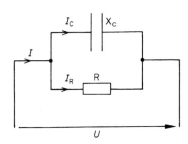

Ersatzbild einer Parallelschaltung

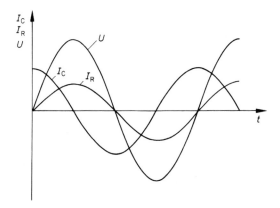

Liniendiagramm
einer Parallelschaltung X_C und R

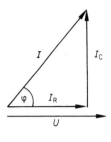

$$I^2 = I_C^2 + I_R^2 \quad \text{oder} \quad I = \sqrt{I_C^2 + I_R^2}$$

$$\sin \varphi = \frac{I_C}{I}$$

$$\cos \varphi = \frac{I_R}{I}$$

$$\tan \varphi = \frac{I_C}{I_R}$$

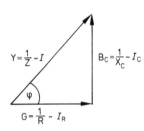

$$\left(\frac{1}{Z}\right)^2 = \left(\frac{1}{X_C}\right)^2 + \left(\frac{1}{R}\right)^2 \quad \text{oder} \quad \frac{1}{Z} = \sqrt{\left(\frac{1}{X_C}\right)^2 + \left(\frac{1}{R}\right)^2}$$

$$\sin \varphi = \frac{Z}{X_C}$$

$$\cos \varphi = \frac{Z}{R}$$

$$\tan \varphi = \frac{R}{X_C}$$

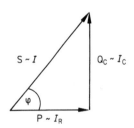

$$S^2 = Q_C^2 + P^2 \quad \text{oder} \quad S = \sqrt{Q_C^2 + P^2}$$

$$\sin \varphi = \frac{Q_C}{S}$$

$$\cos \varphi = \frac{P}{S}$$

$$\tan \varphi = \frac{Q_C}{P}$$

Blindstromkompensation

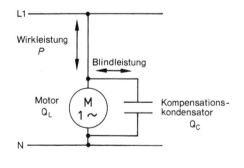

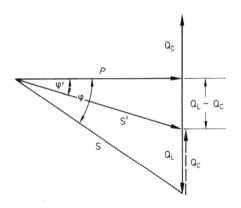

18.2 Formeln Wechselstrom

Kompensierende kapazitive Blindleistung

$$Q_C = P \cdot (\tan \varphi - \tan \varphi')$$

mit:

Q_C = Zur Kompensierung notwendige kapazitive Blindleistung in var
P = Wirkleistung in W
φ = Phasenverschiebungswinkel ohne Kompensation
φ' = Phasenverschiebungswinkel nach der Kompensation

Kompensationskondensator

$$C = \frac{Q_C}{U^2 \cdot 2\pi \cdot f} \quad \text{in} \quad \frac{V \cdot A}{V^2 \cdot \frac{1}{s}} = \frac{As}{V} = F$$

mit:

C = Kompensationskondensator in F
Q_C = Notwendige kapazitive Blindleistung in var
U = Spannung in V
f = Frequenz in Hz = $\frac{1}{s}$

Spannungsfall im Wechselstromnetz

$$U_V = \frac{I \cdot \cos \varphi \cdot \ell}{\varkappa \cdot A} \quad \text{in} \quad \frac{A \cdot m}{\frac{m}{\Omega \cdot mm^2} \cdot mm^2} = A \cdot \Omega = A \cdot \frac{V}{A} = V$$

mit:

U_V = Spannungsfall in V
I = Leiterstrom in A
$\cos \varphi$ = Leistungsfaktor
ℓ = Leiterlänge in m (doppelte Leiterlänge)
$\varkappa$ = Leiterfähigkeit in $\frac{m}{\Omega \cdot mm^2}$
A = Leiterquerschnitt in mm^2

Leistungsverlust eines Wechselstrom-Verbrauchers

$$P_V = \frac{\ell \cdot P^2}{\varkappa \cdot A \cdot U^2 \cdot (\cos \varphi)^2} \quad \text{in} \quad \frac{m \cdot W^2}{\frac{m}{\Omega \cdot mm^2} \cdot mm^2 \cdot V^2} = \frac{W^2}{\frac{V^2}{\Omega}} = \frac{W^2}{W} = W$$

mit:

P_V = Verlustleistung in W
P = Leistungsaufnahme in W
U = Spannung in V

18.3 Formeln Dreiphasenwechselstrom

Dreiphasenwechselstrom (Drehstrom)

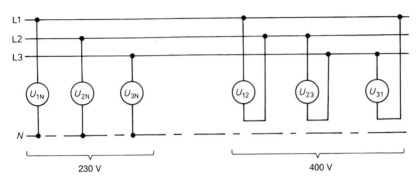

$U = U_{Str.} \cdot \sqrt{3}$

mit:

U = Außenleiterspannung (U_{12}, U_{23}, U_{31}) in V
U_{Str} = Strangspannung (U_{1N}, U_{2N}, U_{3N}) in V

Ohmscher Verbraucher in Sternschaltung

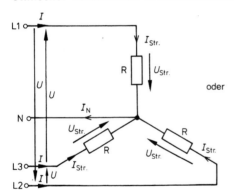 oder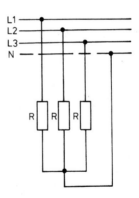

$I = I_{Str}$

mit:

I = Leiterstrom in A
I_{Str} = Strangstrom in A

$U = U_{Str} \cdot \sqrt{3}$

mit:

U = Außenleiterspannung in V
U_{Str} = Strangspannung in V

$P = U \cdot I \cdot \sqrt{3}$ und $P = 3 \cdot P_{Str}$

mit:

P = Gesamtwirkleistung in W
P_{Str} = Strangleistung in W

Ohmscher Verbraucher in Dreieckschaltung

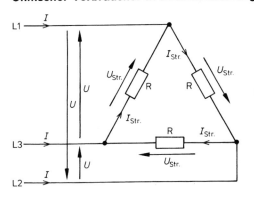

oder

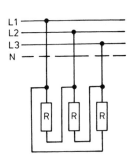

$U = U_{Str}$

mit:

U = Außenleiterspannung in V
U_{Str} = Strangspannung in V

$I = I_{Str} \cdot \sqrt{3}$

mit:

I = Leiterstrom in A
I_{Str} = Strangstrom in A

$P = U \cdot I \cdot \sqrt{3}$ und $P = 3 \cdot P_{Str}$

mit:

P = Gesamtwirkleistung in W
P_{Str} = Strangleistung in W

Zusammenhang zwischen Stern- und Dreieckschaltung

$I_{\curlywedge} = \dfrac{1}{3} \cdot I_{\triangle}$ und $P_{\triangle} = 3 \cdot P_{\curlywedge}$

mit:

$I_{\curlywedge}$ = Stromaufnahme in Sternschaltung in A
$I_{\triangle}$ = Stromaufnahme in Dreieckschaltung in A
$P_{\curlywedge}$ = Leistungsaufnahme in Sternschaltung in W
$P_{\triangle}$ = Leistungsaufnahme in Dreieckschaltung in W

Leistungsänderung bei Störungen im Drehstromnetz

Art der Störung	Änderung in Sternschaltung	Änderung in Dreiecks-schaltung
Unterbrechung eines Außenleiters	$P' = \frac{2}{3} P$ (mit N-Leiter) $P' = \frac{1}{2} P$ (ohne N-Leiter)	$P' = \frac{1}{2} P$
Unterbrechung von zwei Außenleitern	$P' = \frac{1}{3} P$ (mit N-Leiter) $P' = 0$ (ohne N-Leiter)	$P' = 0$
Unterbrechung eines Stranges	$P' = \frac{2}{3} P$ (mit N-Leiter) $P' = \frac{1}{2} P$ (ohne N-Leiter)	$P' = \frac{2}{3} P$
Unterbrechung zweier Stränge	$P' = \frac{1}{3} P$ (mit N-Leiter) $P' = 0$ (ohne N-Leiter)	$P' = \frac{1}{3} P$
Unterbrechung eines Außenleiters und eines Stranges	——	$P' = \frac{1}{6} P$ bzw. $P' = \frac{1}{3} P$

mit:

P' = Verbleibende Leistung aufgrund der Störung
P = Gesamtleistung ohne Störung
Anmerkung: In Sternschaltung gilt: Außenleiter = Strang, da $I = I_{Str}$

Motoren an Dreiphasenwechselstrom

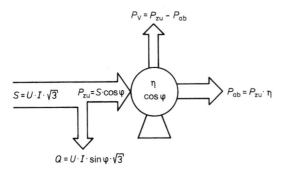

$P = U \cdot I \cdot \cos \varphi \cdot \sqrt{3}$

mit:

P = Leistungsaufnahme in W
U = Außenleiterspannung in V
I = Leiterstrom in A
$\cos \varphi$ = Leistungsfaktor

Spannungsfall im Drehstromnetz

$$U_V = \frac{\sqrt{3} \cdot I \cdot \cos \varphi \cdot \ell}{\varkappa \cdot A} \text{ in } \frac{A \cdot m}{\frac{m}{\Omega \cdot mm^2} \cdot mm^2} = A \cdot \Omega = A \cdot \frac{V}{A} = V$$

mit:

U_V = Spannungsfall in V
I = Leiterstrom in A
$\cos \varphi$ = Leistungsfaktor
ℓ = Leiterlänge in m (einfache Leiterlänge)
$\varkappa$ = Leitfähigkeit in $\frac{m}{\Omega \cdot mm^2}$
A = Leiterquerschnitt in mm^2

Leistungsverlust des Drehstrom-Verbrauchers

$$P_V = \frac{\ell \cdot P^2}{\varkappa \cdot A \cdot U^2 \cdot (\cos \varphi)^2} \text{ in } \frac{m \cdot W^2}{\frac{m}{\Omega \cdot mm^2} \cdot mm^2 \cdot V^2} = \frac{W^2}{\frac{V^2}{\Omega}} = \frac{W^2}{W} = W$$

mit:

P_V = Verlustleistung in W
P = Leistungsaufnahme in W
U = Außenleiterspannung in V

18.4 Elektrische Antriebe

Mechanische Leistung

$P = M \cdot n \cdot 2 \cdot \pi$

mit:

P = Mechanische Leistung in W
M = Drehmoment in Nm
n = Drehzahl in $\frac{1}{s} \left(\frac{1}{min} \right)$

oder

$P = \frac{M \cdot n}{9549}$ in kW

wobei immer M in Nm und n in $\frac{1}{min}$ gegeben sein muß.

Drehfelddrehzahl

$$n_f = \frac{f}{p} \quad \text{oder} \quad n_f = \frac{1}{T \cdot p}$$

mit:

n_f = Drehfelddrehzahl in $\frac{1}{\min}\left(\frac{1}{s}\right)$

f = Frequenz in Hz
p = Polpaarzahl
T = Periodendauer in s

Zusammenhang zwischen Polpaarzahl und Drehzahl bei $f = 50$ Hz

Anzahl der Pole	Polpaarzahl	Zeit für eine Umdrehung	Drehzahl
2	1	20 ms ≙ T	3000 $\frac{1}{\min}$
4	2	40 ms ≙ $2 \cdot T$	1500 $\frac{1}{\min}$
6	3	60 ms ≙ $3 \cdot T$	1000 $\frac{1}{\min}$
8	4	80 ms ≙ $4 \cdot T$	750 $\frac{1}{\min}$
usw.	usw.	usw.	usw.
$2 \cdot p$	p	$p \cdot T$	$n = \frac{1}{p \cdot T}$

Schlupfdrehzahl

$$n_s = n_f - n$$

mit:

n_s = Schlupfdrehzahl in $\frac{1}{\min}$

n_f = Drehfelddrehzahl in $\frac{1}{\min}$

n = Nenndrehzahl
(Angabe auf dem Leistungsschild) in $\frac{1}{\min}$

Schlupf

$$s = \frac{n_s}{n_f} \quad \text{oder} \quad s = \frac{n_f - n}{n_f} \quad \text{oder} \quad s = 1 - \frac{n}{n_f}$$

mit:

s = Schlupf (ohne Einheit)

18.4 Elektrische Antriebe

Drehmoment und Anlaufstrom

$$\frac{M'}{M} = \frac{(I')^2}{(I)^2}$$

mit:

M' = Reduziertes Drehmoment
M = Drehmoment bei Direktanlauf
I' = Reduzierter Anlaufstrom
I = Anlaufstrom bei Direktanlauf (blockierter Rotorstrom)

19 Symbole und Schaltungen aus der Steuerungstechnik

19.1 Normgerechte Darstellung der elektrischen Betriebsmittel (Auszug)

Leitungen und Verbindung

Leitungen allgemein	———	Steckverbindung	—(■—
Leitungsverbindung allgemein	—•—	Erde allgemein	⏚
Verbindungsstelle nicht lösbar	—+—	Anschlussstelle für Schutzleiter	⊕
Verbindungsstelle lösbar	—○—	Zusammengefasste Leitung	≡
Schutzleiter PE	—·—·—	Neutralleiter (N)	—/—
Anschlussleiste	[1|2|3|4|5|6|7|8]	Schutzleiter (PE)	—⊤—
Buchse, Pol linear, Steckdose	—(	PEN-Leiter: Kombination von Schutz- und Neutralleiter (PEN)	—⊤—
Stecker, Pol eines Steckers	▬—		

19.1 Normgerechte Darstellung der elektrischer Betriebsmittel

Antriebe

Bezeichnung	Symbol	Bezeichnung	Symbol
Handantrieb allgemein	⊢---	Kraftantrieb durch Temperatur	[ϑ]---
Betätigung durch drücken	E---	Kraftantrieb durch Druck	[P]---
Betätigung durch ziehen	⊐---	Kraftantrieb durch Feuchte	[φ]---
Betätigung durch drehen	⌐F---	Kraftantrieb durch Durchfluß	⋈---
Betätigung durch kippen	T---	Kraftantrieb durch Drehzahl	[n]---
Betätigung durch Steckschlüssel	()----	Schaltschloß mit mechanischer Freigabe	⊞
Betätigung durch Fühler (Rolle) Endschalterfunktion	o---	Elektromagnetischer Antrieb (Schütz)	⊏⊐---
Antrieb mit Anzugsverzögerung	⊠	Elektromagnetisch angetriebenes Absperrorgan (Magnetventil)	⊏⊐-⊠
Antrieb mit Rückfallverzögerung	■□	Elektromagnetischer Überstromauslöser (Kurzschlußauslöser)	[I>]
Antrieb mit Anzugs- und Rückfallverzögerung	■⊠	Elektrothermischer Überstromauslöser	⌶
Kraftantrieb allgemein	□---	Schaltuhr	[⊘]⌐

19 Symbole und Schaltungen aus der Steuerungstechnik

Schaltglieder und Schaltgeräte

Schließer		Schließer handbetätigt, selbsttätiger Rückgang (Taster)	
Öffner		Schließer handbetätigt mit Raste (Schalter)	
Wechsler		Sperre allgemein, von Hand lösbar	
Schließer mit verzögertem Kontakt (schließt verzögert)		Öffner durch thermischen Überstromauslöser betätigt	
Schließer mit verzögertem Kontakt (öffnet verzögert bei Rückfall)		Handbetätigter Schalter mit vier Stellungen	
Öffner mit verzögertem Kontakt (öffnet verzögert)		Leitungsschutzschalter	
Öffner mit verzögertem Kontakt (schließt verzögert bei Rückfall)		Motorschutzschalter mit thermischer und magnetischer Auslösung	

19.1 Normgerechte Darstellung der elektrischer Betriebsmittel

Meldegeräte und Anzeigegeräte

Leuchtmelder allgemein	⊗	Blindleistungsmeßgerät	(var)
Hupe, Horn		Wattstundenzähler (Elektrizitätszähler)	Wh
Spannungsmeßgerät	(V)	Betriebsstundenzähler	h
Strommeßgerät	(A)	Blindleistungszähler	var

Motoren

Asynchronmotor, einphasig	M 1∼	Drehstrommotor mit getrennten Wicklungen	M 3∼ /I.P
Drehstromasynchronmotor	M 3∼	Drehstrommotor mit Dahlanderwicklung	M 3∼ /I.P

Sicherungen

Sicherung allgemein		Sicherungstrennschalter	
Sicherungsschalter		Sicherungslasttrennschalter	

19.2 Wechselstrommotor mit Haupt- und Hilfswicklung

Schaltzeichen eines Wechselstrommotors mit Hilfswicklung und Kondensator

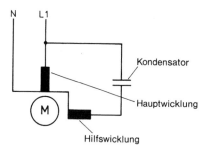

Wechselstrommotor mit Bezeichnung der Wicklungen in Rechtslauf und Linkslauf

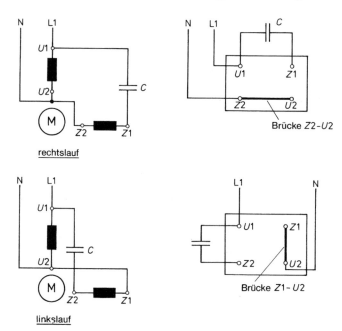

Anlauf- und Betriebskondensator

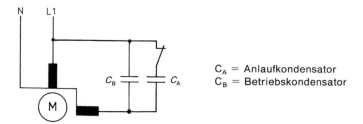

C_A = Anlaufkondensator
C_B = Betriebskondensator

19.2 Wechselstrommotor mit Haupt- und Hilfswicklung

Stromabhängiges Relais

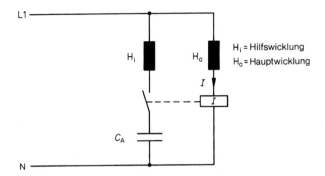

H_i = Hilfswicklung
H_a = Hauptwicklung

Spannungsabhängiges Relais

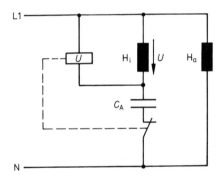

PTC-Anlaßvorrichtung

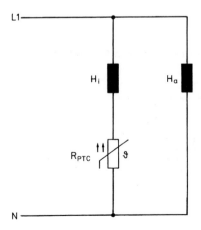

19.3 Schaltungen von Drehstrommotoren

19.3.1 Direktes Einschalten

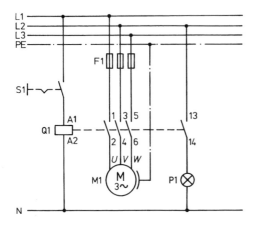

Legende: S1 = Einschalter
Q1 = Motorschütz
M1 = Motor
F1 = Motorsicherungen
P1 = Meldeleuchte Motor EIN

19.3.2 Stern-Dreieck-Schaltung

Wicklungen im Stern und Dreieck

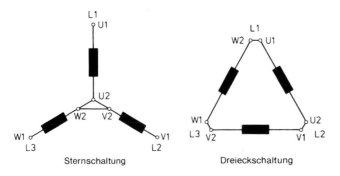

Sternschaltung   Dreieckschaltung

Klemmanschluß für Drehstrom-Motorverdichter in Stern- und Dreieckschaltung

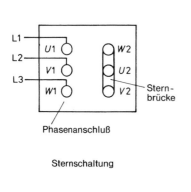   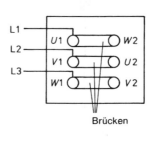

Sternschaltung   Dreieckschaltung

19.3 Schaltungen von Drehstrommotoren

Hauptstromkreis eines Drehstrommotors in Stern-Dreieck

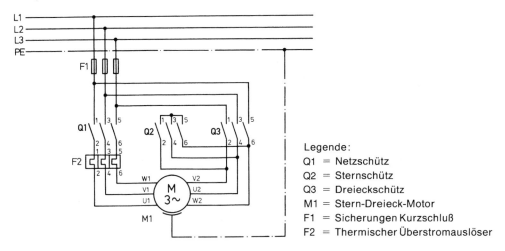

Legende:
Q1 = Netzschütz
Q2 = Sternschütz
Q3 = Dreieckschütz
M1 = Stern-Dreieck-Motor
F1 = Sicherungen Kurzschluß
F2 = Thermischer Überstromauslöser

Steuerstromkreis einer Stern-Dreieck-Schaltung

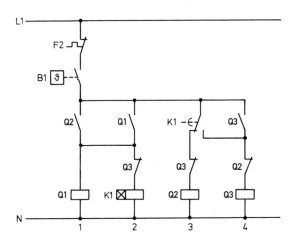

Legende:
B1 = Raumthermostat
K1 = Zeitrelais für Umschaltung von Stern- auf Dreieckbetrieb

19.3.3 Teilwicklungsanlauf

Hauptstromkreis

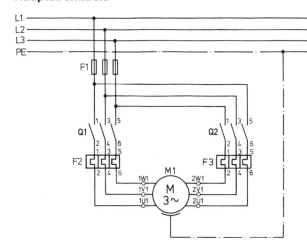

Legende:
Q1 = Schütz 1. Teilwicklung
Q2 = Schütz 2. Teilwicklung
F1 = Kurzschlußsicherungen
F2 = Thermischer Überstromauslöser 1. Teilwicklung
F3 = Thermischer Überstromauslöser 2. Teilwicklung
M1 = Teilwicklungsmotor

Steuerstromkreis Teilwicklunganlauf mit Anlaufentlastung

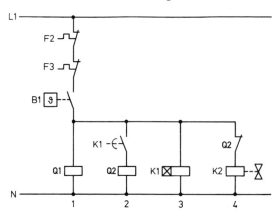

Legende:
B1 = Raumthermostat
K1 = Zeitrelais für die Zuschaltung der 2. Teilwicklung
K2 = Magnetventil Anlaufentlastung

19.3.4 Drehzahlgeregelte Motoren

Motor mit getrennten Wicklungen

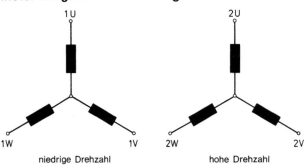

19.3 Schaltungen von Drehstrommotoren

niedrige Drehzahl △   hohe Drehzahl YY

 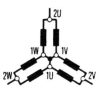

Dahlanderschaltung mit Stern-Dreieck-Anlauf

niedrige Drehzahl Y   niedrige Drehzahl △   hohe Drehzahl YY

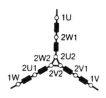 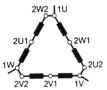 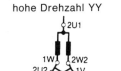

Hauptstromkreis eines Motors mit getrennten Wicklungen

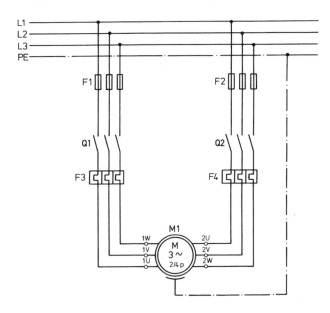

Legende: F1 = Kurzschluß-Sicherung niedrige Drehzahl
           F2 = Kurzschluß-Sicherung hohe Drehzahl
           F3 = Thermischer Überstromauslöser niedrige Drehzahl
           F4 = Thermischer Überstromauslöser hohe Drehzahl
           Q1 = Schütz niedrige Drehzahl
           Q2 = Schütz hohe Drehzahl
           M1 = Motor mit getrennten Wicklungen

Hauptstromkreis eines Dahlandermotors

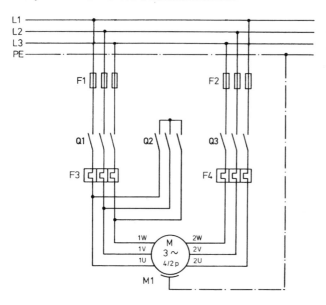

Legende: Q1 = Schütz niedrige Drehzahl
Q2, Q3 = Schütz hohe Drehzahl

19.4 Pump-down und Pump-out mit Steuerungsbeispielen

Pump-down-Schaltung

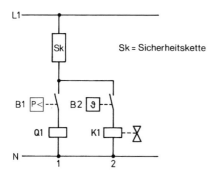

Sk = Sicherheitskette

Legende: B1 = Niederdruckpressostat
B2 = Raumthermostat
Q1 = Verdichterschütz
K1 = Magnetventil Flüssigkeitsleitung

19.4 Pump-down und Pump-out mit Steuerungsbeispielen

Verdichter mit Stern-Dreieck-Anlauf in Pump-down-Schaltung

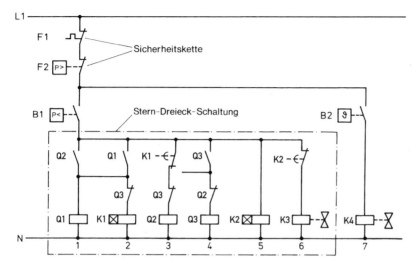

Legende: F1 = Thermischer Überstromauslöser
F2 = Hochdrucksicherheitspressostat
B1 = Niederdruckpressostat
B2 = Raumthermostat
K3 = Magnetventil Anlaufentlastung
K4 = Magnetventil Flüssigkeitsleitung
Q1 = Netzschütz
Q2 = Sternschütz
Q3 = Dreieckschütz
K1 = Zeitrelais Stern-Dreieck-Umschaltung
K2 = Zeitrelais Anlaufentlastung

Pump-out-Schaltung

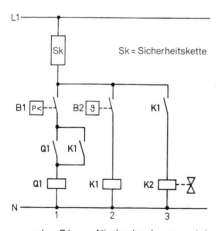

Legende: B1 = Niederdruckpressostat
B2 = Raumthermostat
K2 = Magnetventil Flüssigkeitsleitung
Q1 = Verdichterschütz
K1 = Hilfschütz Pump out

Verdichter mit Teilwicklungsanlauf in Pump-out-Schaltung

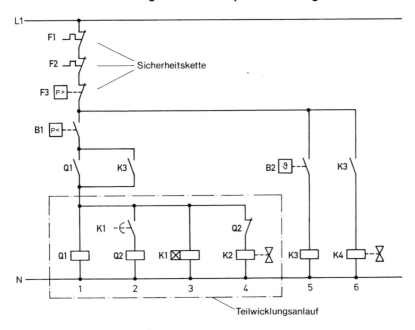

Legende: F1 = Thermische Überstromauslöser 1. Teilwicklung
F2 = Thermische Überstromauslöser 2. Teilwicklung
F3 = Hochdrucksicherheitspressostat
B1 = Niederdruckpressostat
B2 = Raumthermostat
Q1 = Schütz 1. Teilwicklung
Q2 = Schütz 2. Teilwicklung
K1 = Zeitrelais Zuschaltung 2. Teilwicklung
K2 = Magnetventil Anlaufentlastung
K3 = Hilfschütz pump-out
K4 = Magnetventil Flüssigkeitsleitung

19.5 Schaltungen der Sicherheitskette

Sammelstörmeldung ohne Resetfunktion

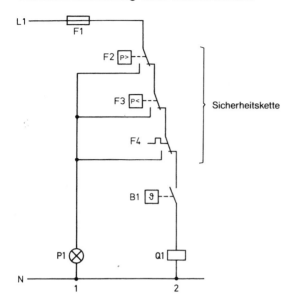

Legende:
F1 = Steuersicherung
F2 = Hochdruckwächter
F3 = Niederdruckwächter
F4 = Überstromauslöser
B1 = Raumthermostat
Q1 = Verdichterschütz
P1 = Meldeleuchte Störung

Einzelstörmeldung ohne Resetfunktion

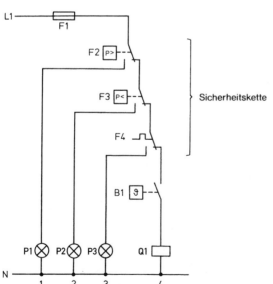

Legende:
P1 = Meldeleuchte Hochdruckstörung
P2 = Meldeleuchte Niederdruckstörung
P3 = Meldeleuchte Überstrom

Sammelstörmeldung mit Resetfunktion

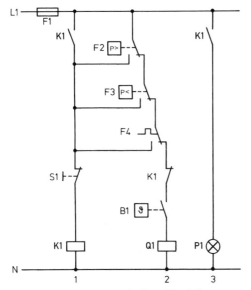

Legende:
K1 = Hilfsschütz Reset
S1 = Resettaster

Einzelstörmeldung mit Resetfunktion

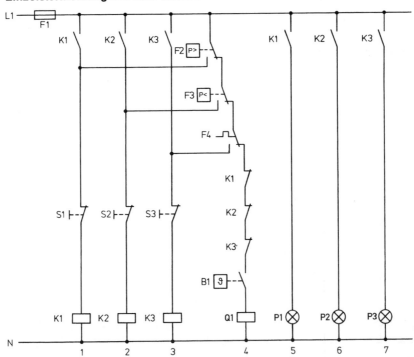

Legende: K1 = Hilfsschütz Reset Hochdruck
K2 = Hilfsschütz Reset Niederdruck
K3 = Hilfsschütz Reset Überstrom
S1 = Resettaster Störung Hochdruck
S2 = Resettaster Störung Niederdruck
S3 = Resettaster Störung Überstrom
P1 = Meldeleuchte Störung Hochdruck
P2 = Meldeleuchte Störung Niederdruck
P3 = Meldeleuchte Störung Überstrom

20 Praxistabellen und Diagramme aus der Elektro- und Steuerungstechnik

Tabelle 20.1 Klassifizierung nach Zweck oder Aufgabe und zugeordnete Kennbuchstaben (DIN EN 61346-2)

Kennbuchstabe	Zweck und Aufgabe des Objekts	Beispiele für Begriffe zur Beschreibung des Zwecks oder der Aufgabe des Objekts von Funktionen	Beispiele für typische Mechanik-/Fluid-Objekte	Beispiele für typische elektrische Produkte
A	zwei oder mehr Zwecke oder Aufgaben Anmerkung: Diese Klasse ist nur für Objekte, für die kein Hauptzweck oder Hauptaufgabe identifiziert werden kann			Sensorbildschirm
B	Umwandlung einer Eingangsvariablen (physikalischen Eigenschaft, Zustand oder Ereignis) in einem zur Weiterverarbeitung bestimmten Signal	ermitteln, messen (Aufnehmen von Werten), überwachen, erfassen, wiegen	Messblende, Sensor	Buchholzrelais, Fühler, Brandwächter, Gaswächter, Messelement, Messrelais, Mikrophon, Bewegungsmelder, Fotozelle, Pilotschalter, Positionsschalter, Näherungsschalter, Näherungsfühler, Schutzrelais, Sensor, Rauchfühler, Tachogenerator, Temperaturfühler, thermisches Überlastungsrelais, Videokamera
C	Speichern von Material, Energie oder Information	aufzeichnen, registrieren, speichern	Fass, Puffer, Zisterne, Behälter, Heißwasserspeicher, Papierrollenständer, Druckspeicher, Dampfspeicher, Tank, Kessel	Puffer (Speicher), Pufferbatterie Kondensator, Ereignisspeicher (hauptsächlich Speicherung), Festplatte, Speicher, Arbeitsspeicher, Magnetaufzeichnungsgerät (hauptsächlich Speicherung), Spannungsschreiber (hauptsächlich Speicherung)
D	Für spätere Normung reserviert			
E	Bereitstellung von Strahlung oder Wärmeenergie	kühlen, heizen, beleuchten, strahlen	Boiler, Gefrierschrank, Hochofen, Heizung, Gaslampe, Wärmeaustauscher, Nuklearreaktor, Paraffinlampe, Radiator, Kühlschrank	Boiler, LS-Lampe, Heizung, Lampe, Glühlampe, Laser, Leuchte, Maser, Radiator

Tabelle 20.1 Klassifizierung nach Zweck oder Aufgabe und zugeordnete Kennbuchstaben (DIN EN 61346-2) (Fortsetzung)

Kenn-buchstabe	Zweck und Aufgabe des Objekts	Beispiele für Begriffe zur Beschreibung des Zwecks oder der Aufgabe des Objekts von Funktionen	Beispiele für typische Mechanik-/Fluid-Objekte	Beispiele für typische elektrische Produkte
F	Direkter (selbsttätiger) Schutz eines Energie- oder Signalflusses von Personen oder Einrichtungen vor gefährlichen oder unerwünschten Zuständen (einschließlich Systeme oder Ausrüstung für Schutzzwecke)	absorbieren, bewachen, verhindern, schützen, sichern, bewehren	Airbag, Puffer, Zaun, Schutzvorrichtung, Überdruckventil, Berstplatte, Sicherheitsgurt, Sicherheitsventil, Vakuumröhre	Kathodische Schutzanode, Faradayscher Käfig, Sicherung, Leitungsschutzschalter, Überspannungsableiter, thermischer Überlastauslöser
G	Initiieren eines Energie- oder Materialflusses, erzeugen von Signalen, die als Informationsträger oder Referenzquelle verwendet werden, produzieren einer neuen Art von Material oder eines Produktes	montieren, brechen, demontieren, erzeugen, zerkleinern, Material abtragen, mahlen, mischen, herstellen, pulverisieren	Gebläse, Bestückungsmaschine, Förderer (angetrieben), Brechwerke, Lüfter, Mischer, Pumpe, Vakuumpumpe, Ventilator	Trockenzellenbatterie, Dynamo, Brennstoffzelle, Generator, Leistungs-, Signal- und umlaufender Generator, Solarzelle, Wellengenerator
H	Für spätere Normung reserviert			
I	Nicht anwendbar			
J	Für spätere Normung reserviert			
K	Verarbeitung (Empfang, Verarbeitung und Bereitstellung) von Signalen oder Informationen (mit Ausnahme von Objekten für Schutzzwecke, siehe Buchstabe F)	schalten, schließen oder öffnen von Regel- und Steuerkreisen, verzögern, synchronisieren	Fluidregler, Steuerventil, Ventilstellungsregler	Schaltrelais, Analogbaustein, Parallelschaltgerät, Binärbaustein, Hilfsschütz, Zentralverarbeitungseinheit (CPU), Verzögerungsglied, Verzögerungslinie, elektronisches Ventil, Elektronenröhre, Regler, Filter, Induktionsrührer, Prozessrechner, Mikroprozessor, Programmsteuergerät, Synchronisierungsgerät, Zeitrelais, Transistor
L	Für spätere Normung reserviert			
M	Bereitstellung von mechanischer Energie (mech. Dreh- oder Linearbewegung) zu Antriebszwecken	betätigen, antreiben	Verbrennungsmotor, Fluidantrieb, Fluidzylinder, Fluidmotor, Wärmemaschine, mechanischer Stellantrieb, Federspeicherantrieb, Turbine, Wasserturbine, Windturbine	Stellantrieb, Betätigungsspule, Elektromotor, Linearmotor

Tabelle 20.1 Klassifizierung nach Zweck oder Aufgabe und zugeordnete Kennbuchstaben (DIN EN 61346-2) (Fortsetzung)

Kenn-buchstabe	Zweck und Aufgabe des Objekts	Beispiele für Begriffe zur Beschreibung des Zwecks oder der Aufgabe des Objekts von Funktionen	Beispiele für typische Mechanik-/Fluid-Objekte	Beispiele für typische elektrische Produkte
N	Für spätere Normung reserviert			
O	Nicht anwendbar			
P	Darstellung von Informationen	alarmieren, kommunizieren, anzeigen, melden, informieren, messen (Darstellung von Größen), darstellen, drucken, warnen	Akustisches Signalgerät, Waage, Klingel, Uhr, Anzeigegerät, Durchflussmesser, Gaszähler, Messglas, Manometer, mechanischer Stellantrieb, Drucker, Schauglas, Thermometer, Wasserzähler	Akustisches Signalgerät, Klingel, Uhr, Amperemeter, Linienschreiber, elektromechanisches Anzeigegerät, Ereigniszähler, Geigerzähler, LED, Lautsprecher, optisches Signalgerät, Drucker, Spannungsschreiber, Signallampe, Vibrations-Signalgerät, Synchronoskop, Voltmeter, Wattmeter, Wattstundenzähler
Q	Kontrolliertes Schalten oder Variieren eines Signal-, Energie- oder Materialflusses (bei Signalen in Regel- und Steuerkreisen siehe Klassen K und S)	öffnen, schließen oder schalten eines Signal-, Material- oder Energieflusses, kuppeln	Bremse, Stellventil, Kupplung, Tür, Klappe, Tor, Druckregelventil, Jalousie, Schleusentor, Schloss	Leistungsschalter, Schütz (für Last), Trennschalter, Sicherungsschalter, Sicherungstrennschalter, Motoranlasser, Leistungstransistor, Schleifringkurzschließer, Schalter (für Last), Thyristor (wenn der Hauptzweck Schutz siehe Klasse F)
R	Begrenzung oder Stabilisierung von Bewegung oder Fluss von Energie, Information oder Material	blockieren, dämpfen, beschränken, begrenzen, stabilisieren	Blockiergerät, Rückschlagventil, Dämpfungskörper, Arretierung, Verklinkungseinrichtung, Verklinkungseinrichtung, Messblende (zur Flussbegrenzung), Druckregelventil, Drosselscheibe, Stoßdämpfer, Schalldämpfer, Freilauf	Diode, Drosselspule, Begrenzer, Widerstand
S	Umwandeln einer manuellen Betätigung in ein zur Weiterverarbeitung bestimmtes Signal	beeinflussen, manuelles Steuern oder Wählen	druckkopfbetätigtes Ventil, Wahlschalter	Steuerschalter, Quittierschalter, Tastatur, Lichtgriffel, Maus, Tastschalter, Wahlschalter, Sollwerteinsteller

Tabelle 20.1 Klassifizierung nach Zweck oder Aufgabe und zugeordnete Kennbuchstaben (DIN EN 61346-2) (Fortsetzung)

Kenn-buchstabe	Zweck und Aufgabe des Objekts	Beispiele für Begriffe zur Beschreibung des Zwecks oder der Aufgabe des Objekts von Funktionen	Beispiele für typische Mechanik-/Fluid-Objekte	Beispiele für typische elektrische Produkte
T	Umwandeln der Energie unter Beibehaltung der Energieart, Umwandeln eines Signals unter Beibehaltung des Informationsgehalts, verändern der Form oder Gestalt eines Materials	verstärken, modulieren, transformieren, gießen, verdichten, umformen, schneiden, Materialverformung, dehnen, schmieden, schleifen, walzen, vergrößern, verkleinern, drehen (Bearbeitung)	Fluidverstärker, Getriebe, Messumformer, Messüberträger, Druckverstärker, Drehmomentwandler, Gießmaschine, Schleifer (Größenreduzierung), Drehmaschine, Säge	AC/DC-Umformer, Verstärker, Antenne, Demodulator, Frequenzwandler, Messumformer, Messgeber, Modulator, Leistungstransformator, Gleichrichter, Gleichrichterstation, Signalwandler, Signalumformer, Telefonapparat, Wandler
U	Halten von Objekte in einer definierten Lage	lagern, tragen, halten, stützen	Träger, Lager, Block, Kabelleiter, Kabelwanne, Konsole, Balkenträger, Spannvorrichtung, Fundament, Aufhänger, Isolator, Montageplatte, Montagegestell, Mast, Rollenlager	Isolator
V	Verarbeitung (Behandlung) von Materialien oder Produkten (einschl. Vor- und Nachbehandlung)	beschichten, reinigen, dehydrieren, entrosten, trocknen, filtern, Wärmebehandlung, verpacken, Vorbehandlung, Rückgewinnung, nacharbeiten, abdichten, trennen, sortieren, rühren, Oberflächenbehandlung, einpacken	Zentrifuge, Entfettungsausrüstung, Dehydrierausrüstung, Filter, Schleifmaschine (Oberflächenbearbeitung), Verpackungsmaschine, Rechen, Abscheider, Sieb, Lackierautomat, Staubsauger, Waschmaschine, Anfeuchtgerät	Filter
W	Leiten oder Führen von Energie, Signalen, Materialien oder Produkten von einem Ort zum anderen	leiten (elektrisch oder mechanisch), verteilen, führen, positionieren, transportieren	Förderer (nicht angetrieben), Kanal, Schlauch, Leiter, Verbindung, Spiegel, Rollentisch, Rohr, Welle, Zubringer	Sammelschiene, Kabel, Leiter (elektrisch), Steckdose, Klemme, Klemmblock, Klemmleiste, Anschlussklemmleiste
X	Verbinden von Objekten	verbinden, koppeln, fügen	Flansch, Hacken, Schlauchanschlussstück, Rohrleitungskupplung, Schnelltrennkupplung, Wellenkupplung, Anschlussblock	Verbinder (elektrisch), Steckdose, Klemme, Klemmblock, Klemmleiste, Anschlussklemmleiste
Y	Für spätere Normung reserviert			
Z	Für spätere Normung reserviert			

Tabelle 20.2 Farben für Drucktaster und ihre Bedeutung (VDE 0199)

Farbe	Bedeutung	Typische Anwendung
ROT	Notfall	• NOT-AUS • Brandbekämpfung
GELB	Anormal	Eingriff, um unnormale Bedingungen oder unerwünschte Änderungen zu vermeiden
GRÜN	Normal	Start aus sicherem Zustand
BLAU	Zwingend	Rückstellfunktion
WEISS	keine spezielle Bedeutung zugeordnet	• Start/EIN (bevorzugt) • Stopp/AUS
GRAU		• Start/EIN • Stopp/AUS
SCHWARZ		• Start/EIN (bevorzugt) • Stopp/AUS

Tabelle 20.3 Farben für Anzeigeleuchten und ihre Bedeutung (VDE 0199)

Farbe	Bedeutung	Erläuterung	Typische Anwendung
ROT	Notfall	Warnung vor möglicher Gefahr oder Zuständen, die ein sofortiges Eingreifen erfordern	• Ausfall des Schmiersystems • Temperatur außerhalb vorgegebener (sicherer) Grenzen • wesentliche Teile der Ausrüstung durch Ansprechen einer Schutzeinrichtung gestoppt
GELB	Anormal	bevorstehender kritischer Zustand	• Temperatur (oder Druck) abweichend vom Normalwert • Überlast, deren Dauer nur innerhalb beschränkter Zeit zulässig ist • Rücksetzen
GRÜN	Normal	Anzeige sicherer Betriebsverhältnisse oder Freigabe des weiteren Betriebsablaufs	• Kühlflüssigkeit läuft • automatische Kesselsteuerung eingeschaltet • Maschine fertig zum Start
BLAU	Zwingend	Handlung durch den Bediener erforderlich	• Hindernis entfernen • auf Vorschub umschalten
WEISS	Neutral	jede Bedeutung: darf angewendet werden, wenn nicht klar ist, welche der Farben ROT, GELB oder GRÜN die geeignete wäre; oder als Bestätigung	• Motor läuft • Anzeige von Betriebsarten

Kennfarben für Leuchtdrucktaster und ihre Bedeutung

Bei Leuchtdrucktastern gelten Tabelle 20.3 und 20.2, Tabelle 20.2 steht für die Funktion der Tasten.

Tabelle 20.4 Schutzarten für elektrische Betriebsmittel; Berührungs- und Fremdkörperschutz

Erste Kennziffer	Schutzumfang	
	Benennung	Erklärung
0	Kein Schutz	Kein besonderer Schutz von Personen gegen zufälliges Berühren unter Spannung stehender oder sich bewegender Teile. Kein Schutz des Betriebsmittels gegen Eindringen von festen Fremdkörpern.
1	Schutz gegen große Fremdkörper	Schutz gegen zufälliges großflächiges Berühren unter Spannung stehender und innerer sich bewegender Teile, z. B. mit der Hand, aber kein Schutz gegen absichtlichen Zugang zu diesen Teilen. Schutz gegen Eindringen von festen Fremdkörpern mit einem Durchmesser größer als 50 mm.
2	Schutz gegen mittelgroße Fremdkörper	Schutz gegen Berühren mit den Fingern unter Spannung stehender oder innerer sich bewegender Teile. Schutz gegen Eindringen von festen Fremdkörpern mit einem Durchmesser größer als 12 mm.
3	Schutz gegen kleine Fremdkörper	Schutz gegen Berühren unter Spannung stehender oder innerer sich bewegender Teile mit Werkzeugen, Drähten oder ähnlichem von einer Dicke größer als 2,5 mm. Schutz gegen Eindringen von festen Fremdkörpern mit einem Durchmesser größer als 2,5 mm.
4	Schutz gegen kornförmige Fremdkörper	Schutz gegen Berühren unter Spannung stehender oder innerer sich bewegender Teile mit Werkzeugen, Drähten oder ähnlichem von einer Dicke größer als 1 mm. Schutz gegen Eindringen von festen Fremdkörpern mit einem Durchmesser größer als 1 mm.
5	Schutz gegen Staubablagerung	Vollständiger Schutz gegen Berühren unter Spannung stehender oder innerer sich bewegender Teile. Schutz gegen schädliche Staubablagerungen. Das Eindringen von Staub ist nicht vollkommen verhindert, aber der Staub darf nicht in solchen Mengen eindringen, daß die Arbeitsweise beeinträchtigt wird.
6	Schutz gegen Staubeintritt	Vollständiger Schutz gegen Berühren unter Spannung stehender oder innerer sich bewegender Teile. Schutz gegen Eindringen von Staub.

Tabelle 20.5 Schutzarten für elektrische Betriebsmittel; Wasserschutz

Erste Kennziffer	Schutzumfang	
	Benennung	Erklärung
0	Kein Schutz	Kein besonderer Schutz
1	Schutz gegen senkrecht fallendes Tropfwasser	Wassertropfen, die senkrecht fallen, dürfen keine schädliche Wirkung haben.
2	Schutz gegen schrägfallendes Tropfwasser	Wassertropfen, die in einem beliebigen Winkel bis zu 15° zur Senkrechten fallen, dürfen keine schädliche Wirkung haben.
3	Schutz gegen Sprühwasser	Wasser, das in einem beliebigen Winkel bis 60° zur Senkrechten fällt, darf keine schädliche Wirkung haben.
4	Schutz gegen Spritzwasser	Wasser, das aus allen Richtungen gegen das Betriebsmittel spritzt, darf keine schädliche Wirkung haben.
5	Schutz gegen Strahlwasser	Ein Wasserstrahl aus einer Düse, der aus allen Richtungen gegen das Betriebsmittel gerichtet wird, darf keine schädliche Wirkung haben.
6	Schutz bei Überflutung	Wasser darf bei vorübergehender Überflutung, z. B. durch schwere Seen, nicht in schädlichen Mengen in das Betriebsmittel gelangen.
7	Schutz beim Eintauchen	Wasser darf nicht in schädlichen Mengen eindringen, wenn das Betriebsmittel unter den festgelegten Druck- und Zeitbedingungen in Wasser eingetaucht wird.
8	Schutz beim Untertauchen	Wasser darf nicht in schädlichen Mengen eindringen, wenn das Betriebsmittel unter einem festgelegten Druck und für unbestimmte Zeit unter Wasser getaucht wird.

Schema 20.1 Typenkurzzeichen isolierter Leitungen

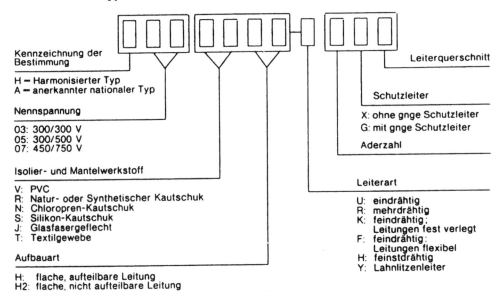

Kennzeichnung der Bestimmung
H – Harmonisierter Typ
A – anerkannter nationaler Typ

Nennspannung
03: 300/300 V
05: 300/500 V
07: 450/750 V

Isolier- und Mantelwerkstoff
V: PVC
R: Natur- oder Synthetischer Kautschuk
N: Chloropren-Kautschuk
S: Silikon-Kautschuk
J: Glasfasergeflecht
T: Textilgewebe

Aufbauart
H: flache, aufteilbare Leitung
H2: flache, nicht aufteilbare Leitung

Leiterquerschnitt

Schutzleiter
X: ohne gnge Schutzleiter
G: mit gnge Schutzleiter

Aderzahl

Leiterart
U: eindrähtig
R: mehrdrähtig
K: feindrähtig; Leitungen fest verlegt
F: feindrähtig; Leitungen flexibel
H: feinstdrähtig
Y: Lahnlitzenleiter

Tabelle 20.6 Bezeichnungen kunststoffisolierter Leitungen

Bezeichnung	Typen-kurzzeichen	Typenkurz-zeichen der abgelösten Typen	Nenn-spannung U_0/U V	Ader-zahl	Nenn-querschnitt mm²	Charakteristische Anwendungsbeispiele
Leichte Zwillingsleitungen	H03VH-Y	NLYZ	300/300	2	~0,1	Zum Anschluß besonders leichter Handgeräte (elektr. Rasierapparate), soweit dies in den Festlegungen erlaubt ist
Zwillingsleitungen	H03VH-H	NYZ	300/300	2	0,5 und 0,75	Bei sehr geringen mechanischen Beanspruchungen in Haushalten, Küchen und Büroräumen für leichte Handgeräte (Rundfunkgeräte, Tischleuchten, Stehleuchten usw.)
Leichte PVC-Schlauchleitungen – runde Ausführung – flache Ausführung	H03VV-F H03VVH2-F	NYLHYrd NYLHYfl	300/300	2 und 3 2	0,5 und 0,75 0,75	Bei geringen mechanischen Beanspruchungen in Haushalten, Küchen und Büroräumen für leichte Handgeräte (Rundfunkgeräte, Tischleuchten, Stehleuchten, Büromaschinen usw.). Für den Leiterquerschnitt 0,75 mm² gelten die charakteristischen Anwendungen wie für mittlere PVC-Schlauchleitungen
Mittlere PVC-Schlauchleitungen	H05VV-F	NYMHY	300/500	2 bis 5	1 bis 2,5	Bei mittleren mechanischen Beanspruchungen in Haushalten, Küchen und Büroräumen; Für Hausgeräte auch in feuchten Räumen (Waschmaschinen, Wäscheschleudern, Heimwerkergeräte)
PVC-Verdrahtungsleitungen mit eindrähtigem Leiter feindrähtigem Leiter	H05V-U H05V-K	NYFA, NYA NYFAF, NYAF	300/500	1	0,5 bis 1	Bei geschützter Verlegung in Geräten sowie in und an Leuchten
PVC-Aderleitungen mit eindrähtigem Leiter mehrdrähtigem Leiter feindrähtigem Leiter	H07V-U H07V-R H07V-R	NYA NYA NYAF	450/750	1 1 1	1,5 bis 16 6 bis 400 1,5 bis 240	Bei Verlegung in Rohren auf und unter Putz

Tabelle 20.7 Bezeichnungen gummiisolierter Leitungen

Bezeichnung	Typen-kurz-zeichen	Typenkurz-zeichen der ab-gelösten Typen	Nenn-spannung U_0/U V	Ader-zahl	Nenn-querschnitt mm^2	Charakteristische Anwendungsbeispiele
Wärmebeständige Silikon-Gummi-aderleitungen	H05SJ-K	N2GAFU	300/500	1	0,5 bis 16	Bei erhöhten Umgebungstemperaturen zur festen Verlegung in und an Leuchten und in Geräten. Leitungen mit Querschnitten von 1,5 mm² und darüber sind für Verlegung in Rohren auf oder unter Putz zugelassen
Gummiader-schnüre	H03RT-F	NSA	300/300	2 und 3	0,75 bis 1,5	Bei geringen mechanischen Beanspruchungen in Haushalten, Küchen und Büroräumen für leichte Handgeräte (Tischlampen, Leuchten, Bügeleisen, Toaster usw.)
Leichte Gummi-schlauchleitungen	H05RR-F	NLH, NMH	300/500	2 bis 5	0,75 bis 2,5	Bei geringen mechanischen Beanspruchungen in Haushalten, Küchen und Büroräumen für leichte Handgeräte (Staubsauger, Bügeleisen, Küchengeräte, Lötkolben, Toaster usw.)
Schwere Gummi-schlauchleitungen	H07RN-F	NMHöu unmd NSHöu	450/750	1 2 und 5 3 und 4	1,5 bis 400 1 bis 25 1 bis 95	Bei mittleren mechanischen Beanspruchungen in trockenen und feuchten Räumen, im Freien, in explosionsgefährdeten Betrieben; z. B. für Geräte in gewerbl. und landwirtschaftl. Betrieben: große Kochkessel, Heizplatten, Handleuchten, Elektrowerkzeuge wie Bohrmaschinen, Kreissägen, Heimwerkergeräte; auch f. transportable Motoren oder Maschinen auf Baustellen oder in landwirtschaftl. Betrieben usw.; verwendbar auch für feste Verlegung z. B. auf Putz, in provisorischen Bauten u. Wohnbaracken; zulässig für direkte Verlegung auf Bauteilen von Hebezeugen, Maschinen usw.

Tabelle 20.8 Außendurchmesser von Leitungen und Kabeln

Leitung	Querschnitt [mm²]	Mittelwert Außendurchmesser	
		Mindestwert [mm]	Höchstwert [mm]
H03VV-F	2 × 0,5	4,8	6,0
	2 × 0,75	5,2	6,4
	3 × 0,5	5,0	6,2
	3 × 0,75	5,4	6,8
	4 × 0,5	5,6	6,8
	4 × 0,75	6,0	7,4
H05VV-F	2 × 4	10,0	12,0
	3 G 4	11,0	13,0
	3 × 4	11,0	13,0
	5 G 4	13,5	15,5
	5 × 4	13,5	15,5
H07RN-F	3 × 70	39,0	49,5
	3 × 95	44,0	54,0
	3 × 120	47,5	59,0
	3 × 150	52,5	66,5
	6 × 1,5	14,0	17,0
	6 × 2,5	16,0	19,5
	6 × 4	19,0	22,0
H05SJ-K	1 × 0,5		3,4
	1 × 0,75		3,6
	1 × 1,0		3,8
	1 × 1,5		4,3
	1 × 2,5		5,0
	1 × 4,0		5,6
	1 × 6,0		6,2
	1 × 10,0		8,2

Tabelle 20.9 Kennzeichnung von Leitern

Leiterbezeichnung		Kennzeichnung		
		alphanumerisch	Bildzeichen	Farbe
W	Außenleiter 1 Außenleiter 2 Außenleiter 3 Neutralleiter	L1 L2 L3 N		1) 1) 1) Hellblau
G	Positiv Negativ Mittelleiter	L + L − M	+ −	1) 1) Hellblau
Schutzleiter		PE		Grün-gelb
PEN-Leiter (Neutralleiter) mit Schutzfunktion		PEN		Grün-gelb
Erde		E		1)

1) Farbe nicht festgelegt. Empfohlen SCHWARZ.

Tabelle 20.10 Kurzzeichen für Farben

Farbe	grüngelb	blau	schwarz	braun	rot	grau	weiß
Kurzzeichen neu nach DIN IEC 757	GNYE	BU	BK	BN	RD	GY	WH
Kurzzeichen alt nach DIN 47002	gnge	bl	sw	br	rt	gr	ws

Tabelle 20.11 Leitungen in Kabellängen

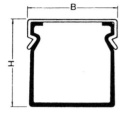

Maße Kabelkanal		ausreichend für n-Drähte z. B. HO7V-U/R/k		
H mm	B mm	1 mm²	1,5 mm²	2,5 mm²
18	19	21	19	14
23	31	45	36	29
32	18	36	32	23
33	30	63	55	41
34	46	100	87	65
44	19	53	46	34
44	30	84	73	53
44	45	126	110	79
45	67	193	168	120
45	86	247	216	155
45	126	360	315	225
63	19	76	67	48
65	30	124	109	81
65	46	191	167	124
65	66	274	240	178
65	86	357	313	232
65	107	445	389	289
65	126	524	458	340
65	156	576	504	374
65	206	768	672	498
85	31	168	147	109
85	47	255	226	166
85	67	364	322	236
85	87	473	418	307
85	107	581	514	377
85	127	690	610	448

Gemäß VDE 0113/EN 60204 Teil 1 müssen 30% als Platzreserve frei bleiben.

Tabelle 20.12 Kabelverschraubungen

Kabel-verschraubung	Gewinde außen ∅	Gewindekern ∅	verwendbar für Leitungs-Außendurchmesser
Pg 7	12,5 mm	11,28 mm	4 – 8 mm
Pg 9	15,2 mm	13,86 mm	6 – 10 mm
Pg 11	18,6 mm	17,26 mm	8 – 12 mm
Pg 13,5	20,4 mm	19,06 mm	10 – 14 mm
Pg 16	22,5 mm	21,16 mm	10 – 16 mm
Pg 21	28,3 mm	26,78 mm	15 – 21 mm
Pg 29	37,0 mm	35,48 mm	22 – 30 mm
Pg 36	47,0 mm	45,48 mm	29 – 37 mm
Pg 42	54,0 mm	52,48 mm	37 – 43 mm
Pg 48	59,3 mm	57,78 mm	41 – 47 mm

Schema 20.2 Schutz bei Überlast (Koordinierung der Kenngrößen)

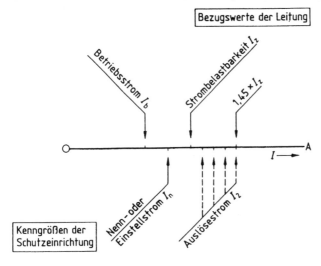

I_b = Zu erwartender Betriebsstrom
I_z = Strombelastbarkeit der Leitung
I_n = Bemessungsstrom des Schutzorganes
I_2 = Der Strom, der eine Auslösung des Schutzorganes unter den in den Gerätebestimmungen festgelegten Bedingungen bewirkt (großer Prüfstrom)

Folgende Bedingungen müssen erfüllt sein: $I_b \leq I_n \leq I_z$ und

$$I_2 \leq 1{,}45 \cdot I_z$$

Tabelle 20.13 Strombelastbarkeit und Schutz von Kabeln und Leitungen mit PVC-Isolierung (DIN VDE 0100 Teil 430)

Bauart-Kurzzeichen	NYM, NYBUY, NHYRUZY, NYIF, H07V-U, H07V-R, H07V-K, NYIFY						NYY, NYCWY, NYKY, NYM. NYMZ, NYMT, NYBUY, NHYRUZY	
Zulässige Betriebstemperatur	70 °C							
Umgebungstemperatur	25 °C							
Anzahl der belasteten Adern	2	3	2	3	2	3	2	3
Verlegeart	A		B1		B2		C		E	
	in wärmedämmenden Wänden		auf oder in Wänden oder unter Putz		in Elektroinstallationsrohren oder -kanälen		direkt verlegt		frei in der Luft unter Einhaltung der angegebenen Abstände verlegt
	Aderleitungen im Elektroinstallationsrohr	Mehradrige Leitung im Elektroinstallationsrohr	Aderleitungen im Elektroinstallationsrohr auf der Wand	Mehradrige Leitung im Elektroinstallationsrohr auf der Wand oder auf dem Fußboden	Aderleitungen im Elektroinstallationskanal auf der Wand	Mehradrige Leitung im Elektroinstallationskanal auf der Wand oder auf dem Fußboden	Mehradrige Leitung auf der Wand oder auf dem Fußboden	
	Mehradrige Leitung in der Wand		Aderleitungen, einadrige Mantelleitung, mehradrige Leitungen im Elektroinstallationsrohr im Mauerwerk				Einadrige Mantelleitungen auf der Wand oder auf dem Fußboden	Mehradrige Leitung, Stegleitung in der Wand oder unter Putz

Tabelle 20.13 (Fortsetzung)

Nennquerschnitt des Kupferleiters in mm²	A				B1				B2				C				E			
	I_z	I_n	I_z	I_n	I_z	I_n	I_z	I_n	I_z	I_n	I_z	I_n	I_z	I_n	I_z	I_n	I_z	I_n	I_z	I_n
1,5	16,5	16	14	13	18,5	16	16,5	16	16,5	16	15	13	21	20	18,5	16	21	20	19,5	16
2,5	21	20	19	16	25	25	22	20	22	20	20	20	28	25	25	25	29	25	27	25
4	28	25	25	25	34	32	30	25	30	25	28	25	37	35	35	35	39	35	36	35
6	36	35	33	32	43	40	38	35	39	35	35	35	49	40	43	40	51	50	46	40
10	49	40	45	40	60	50	53	50	53	50	50	50	67	63	63	63	70	63	64	63
16	65	63	59	50	81	80	72	63	72	63	65	63	90	80	81	80	94	80	85	80
25	85	80	77	63	107	100	94	80	95	80	82	80	119	100	102	100	125	125	107	100
35	105	100	94	80	133	125	118	100	117	100	101	100	146	125	126	125	154	125	134	125
50	126	125	114	100	160	160	142	125	—	—	—	—	—	—	—	—	—	—	—	—
70	160	160	144	125	204	200	181	160	—	—	—	—	—	—	—	—	—	—	—	—
95	193	160	174	160	246	200	219	200	—	—	—	—	—	—	—	—	—	—	—	—
120	223	200	199	160	285	250	253	250	—	—	—	—	—	—	—	—	—	—	—	—

Anmerkung: I_z, I_n siehe Schema 13.2

Tabelle 20.14 Motorbemessungsströme von Drehstrommotoren (Richtwerte für Käfigläufer)

Motorleistung			220 V/230 V			380 V/400 V			500 V			660 V/690 V		
			Motor-bemes-sungs-strom	Sicherung		Motor-bemes-sungs-strom	Sicherung		Motor-bemes-sungs-strom	Sicherung		Motor-bemes-sungs-strom	Sicherung	
				Anlauf direkt	Y/Δ		Anlauf direkt	Y/Δ		Anlauf direkt	Y/Δ		Anlauf direkt	Y/Δ
kW	cos φ	η %	A	A	A	A	A	A	A	A	A	A	A	A
0,06	0,7	58	0,39	2	—	0,23	2	—	0,17	2	—	0,13	2	—
0,09	0,7	60	0,56	2	—	0,32	2	—	0,25	2	—	0,19	2	—
0,12	0,7	60	0,75	4	2	0,43	2	—	0,33	2	—	0,25	2	—
0,18	0,7	62	1,1	4	2	0,64	2	—	0,48	2	—	0,36	2	—
0,25	0,7	62	1,4	4	2	0,8	2	2	0,6	2	—	0,5	2	—
0,37	0,72	64	2,1	6	4	1,2	4	2	0,9	2	2	0,7	2	—
0,55	0,75	69	2,7	10	4	1,6	4	2	1,2	4	2	0,9	4	2
0,75	0,8	74	3,4	10	4	2	6	4	1,5	4	2	1,1	4	2
1,1	0,83	77	4,5	10	6	2,6	6	4	2	6	4	1,5	4	2
1,5	0,83	78	6	16	10	3,5	6	4	2,6	6	4	2	6	4
2,2	0,83	81	8,7	20	10	5	10	6	3,7	10	4	2,9	10	4
3	0,84	81	11,5	25	16	6,6	16	10	5	16	6	3,5	10	4
4	0,84	82	15	32	16	8,5	20	10	6,4	16	10	4,9	16	6
5,5	0,85	83	20	32	25	11,5	25	16	9	20	16	6,7	16	10
7,5	0,86	85	27	50	32	15,5	32	16	11,5	25	16	9	20	10
11	0,86	87	39	80	40	22,5	40	25	17	32	20	13	25	16
15	0,86	87	52	100	63	30	63	32	22,5	50	25	17,5	32	20
18,5	0,86	88	64	125	80	36	63	40	28	50	32	21	32	25
22	0,87	89	75	125	80	43	80	50	32	63	32	25	50	25
30	0,87	90	100	200	100	58	100	63	43	80	50	33	63	32
37	0,87	90	124	200	125	72	125	80	54	100	63	42	80	50
45	0,88	91	147	250	160	85	160	100	64	125	80	49	80	63
55	0,88	91	180	250	200	104	200	125	78	160	80	60	100	63
75	0,88	91	246	315	250	142	200	160	106	200	125	82	160	100
90	0,88	92	292	400	315	169	250	200	127	200	160	98	160	100
110	0,88	92	357	500	400	204	315	200	154	250	160	118	200	125
132	0,88	92	423	630	500	243	400	250	182	250	200	140	250	160
160	0,88	93	500	630	630	292	400	315	220	315	250	170	250	200
200	0,88	93	620	800	630	368	500	400	283	400	315	214	315	250
250	0,88	93	—	—	—	465	630	500	355	500	400	268	400	315
315	0,88	93	—	—	—	580	800	630	444	630	500	337	500	400
400	0,89	96	—	—	—	720	1000	800	534	800	630	410	630	400
500	0,89	96	—	—	—	—	—	—	—	—	—	515	630	630
600	0,90	97	—	—	—	—	—	—	—	—	—	600	800	630

Anmerkung
Die Motorbemessungsströme gelten für normale innen- und oberflächengekühlte Drehstrommotoren mit 1500 min^{-1}.
Direkter Anlauf: Anlaufstrom max. 6 × Motorbemessungsstrom, Anlaufzeit max 5 s.
Y/Δ Anlauf: Anlaufstrom max. 2 × Motorbemessungsstrom, Anlaufzeit 15 s.
Motorschutzrelais im Strang auf 0,58 × Motorbemessungsstrom einstellen.
Sicherungsbemessungsströme bei Y/Δ-Anlauf gelten auch für Drehstrommotoren mit Schleifringläufer.
Bei höherem Bemessungs-, Anlaufstrom und/oder längerer Anlaufzeit größere Sicherung verwenden.
Tabelle gilt für „träge" bzw. „gL"-Sicherungen (DIN VDE 0636).
Bei NH-Sicherungen mit aM-Charakteristik wird Sicherung = Bemessungsstrom gewählt.

Schema 20.3 Schutzmaßnahmen gegen gefährliche Körperströme

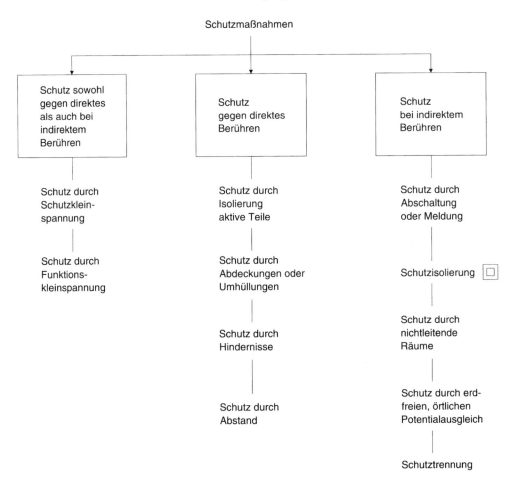

Tabelle 20.15 Farbkennzeichnung von Widerständen

Farbe	1. Ring ≙ 1. Ziffer	2. Ring ≙ 2. Ziffer	3. Ring ≙ Multiplikator	4. Ring ≙ Toleranz
schwarz	–	0	1	–
braun	1	1	10	±1%
rot	2	2	10^2	±2%
orange	3	3	10^3	–
gelb	4	4	10^4	–
grün	5	5	10^5	±0,5%
blau	6	6	10^6	–
violett	7	7	10^7	–
grau	8	8	10^8	–
weiß	9	9	–	–
gold	–	–	0,1	±5%
silber	–	–	0,01	±10%
ohne Farbe	–	–	–	±20%

Beispiele:

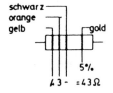

schwarz
orange
gelb
gold
5%
43 - = 43 Ω

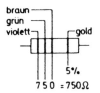

braun
grün
violett
gold
5%
750 = 750 Ω

rot
grau
blau
silber
10%
6 800 = 6,8 kΩ

Tabelle 20.16 Eigenschaft einiger ausgewählter Werkstoffe

$\varkappa_{20}$ Elektrische Leitfähigkeit bei 20 °C
ϱ_{20} Spezifischer elektrischer Widerstand bei 20 °C
α_{20} Temperaturbeiwert des elektrischen Widerstandes bei 20 °C

Werkstoff	Dichte kg/dm^3	$\varkappa_{20}$ m/Ωmm^2	ϱ_{20} Ωmm^2/m	α_{20} 1/K
Aluminium, rein	2,70	38,0	0,02632	0,00430
E-AL F 6,5	2,70	35,4	0,02825	0,00403
E-AL F 7	2,70	35,4	0,02825	0,00403
E-AL F 8	2,70	35,2	0,02841	0,00400
E-AL F 9	2,70	34,8	0,02874	0,00396
E-AL F 10	2,70	34,8	0,02874	0,00396
E-AL F 11	2,70	34,8	0,02874	0,00396
E-AL F 13	2,70	34,5	0,02898	0,00393
E-AL F 17	2,70	34,2	0,02924	0,00390
Aldrey	2,69	30,0	0,033	0,00360
Blei	11,35	4,76	0,21	0,0043
Cadmium	8,65	13,1	0,762	0,0038
Eisen, rein	7,874	$\approx$10	$\approx$0,10	0,0065
Grauguß	$\approx$7,2	3,3...6,6	0,3...1,5	$\approx$0,006
Stahl	$\approx$7,8	>6,7	<0,149	$\approx$0,005
Gold	19,32	45,55	0,022	0,0038
KONSTANTAN	8,8	2,04	0,49	0,00004
Kupfer, rein	8,96	58	0,01724	0,00393
E-Cu F 20	8,9	57	0,01754	0,00385
E-Cu F 25	8,9	56	0,01786	0,00381
E-Cu F 30	8,9	56	0,01786	0,00381
E-Cu F 37	8,9	55	0,01818	0,00373
Messing				
CuZn40Pb2	8,5	17,9	0,056	0,0024
CuZn20	8,7	19,2	0,052	0,00165
CuZn15	8,8	22,2	0,045	0,0017
CuZn10	8,8	26,3	0,038	0,0020
Nickel	8,90	$\approx$12,6	$\approx$0,078	0,006
Platin	21,45	9,1	0,11	0,0038
Quecksilber	13,546	1,03	0,968	0,0008
Silber	10,50	62,5	0,0165	0,0036
Wolfram	19,3	16,68	0,06	0,0046
Zink	7,18	17,3	0,058	0,0037
Zinn	7,28	8,7	0,115	0,0042

20 Praxistabellen und Diagramme aus der Elektro- und Steuerungstechnik

Tabelle 20.16 (Fortsetzung)

Werkstoff	Chem. Zeichen	Dichte ϱ (kg/dm^2)	Spez. Widerstand ϱ_{20} ($\Omega \cdot$ mm^2/m)	Spez. Leitfähigkeit $\varkappa$ (m/$\Omega \cdot$ mm^2)	Schmelz-Temperatur (°C)
Aluminium (99,5%)	Al	2,70	0,027	37	658
Aldrey	AlMgSi	2,70	0,0328	30,5	—
Blei	Pb	11,34	0,208	4,8	327,4
Chrom	Cr	7,19	0,130	6,7	1890
Eisen (rein)	Fe	7,87	0,100	10	1539
Gold	Au	19,3	0,022	45,7	1063
Konstanten	CuNi44	8,9	0,49	2,04	1280
Kupfer	Cu	8,9	0,0178	56	1085
Mangan	Mn	7,43	1,85	0,54	1245
Manganin	CuMn12NiAl	8,4	0,43	2,33	980
Nickel (99,5%)	Ni	8,85	0,095	10,5	1452
Nickelin	CuNi30Mn	8,8	0,4	2,5	1180
Platin	Pt	21,5	0,098	10,2	1770
Silber	Ag	10,5	0,0167	60	960
Wolfram	W	19,3	0,055	18,2	3370
Zink	Zn	7,14	0,0625	16	419,5
Zinn	Sn	7,28	0,0115	8,7	231,8

Kennlinie 20.17 Temperatur und Widerstand eines PTC-Thermistors

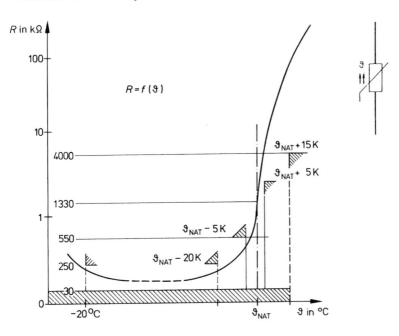

Tabelle 20.17 Technische Daten zur Kennlinie 20.17

		Drillinge	Einzel	
Thermistoren				
Max. Betriebsspannung	U_{max}	25	25	V
Nennansprechtemperatur	ϑ_{NAT}	Siehe Tabelle 13.17		°C
Toleranz von ϑ_{NAT}	T	±5	±5	K
Reproduzierbarkeit von ϑ_{NAT}	ΔT	±0,5	±0,5	K
Kaltwiderstand ($\vartheta_U = 25\,°C$, $U_{KL} \leq 2,5\,V$)	R_{25}	≤750	≤250	Ω
Kaltwiderstand ($U_{KL} \leq 2,5\,V$) bei einer Kaltleitertemperatur	$\vartheta_{NAT} - T$	≤1650	≤550	Ω
Kaltleiterwiderstand ($U_{KL} \leq 2,5\,V$) bei einer Kaltleitertemperatur	$\vartheta_{NAT} + T$	≥3990	≥1330	Ω
Kaltleiterwiderstand ($U_{KL} = 7,5\,V$) bei einer Kaltleitertemperatur	$\vartheta_{NAT} + 15\,°C$	≥12	≥4	kΩ
Therm. Ansprechzeit	t_a	<5	<5	s
Betriebsabschaltzeit	t_{aB}	<3	<3	s
Isolationsfestigkeit	$U_{is}\sim$	2,5	2,5	kV
Max. Betriebstemperatur	ϑ_{max}	200	200	°C
Obere Lagertemperatur	ϑ_{Lmax}	160	160	°C
Untere Lagertemperatur	ϑ_{Lmin}	−25	−25	°C
Masse (typisch)	G	3,5	2	g

Tabelle 20.18 Kennfarben und Nennansprechtemperaturen (NAT) von PTC-Thermistoren

Nennansprech-Temperatur NAT in °C	Kennfarbe Außen/Außen Verbindungslitzen gelb/gelb
60	weiß/grau
70	weiß/braun
80	weiß/weiß
90	grün/grün
100	rot/rot
110	braun/braun
120	grau/grau
130	blau/blau
140	weiß/blau
145	weiß/schwarz
150	schwarz/schwarz
155	blau/schwarz
160	blau/rot
170	weiß/grün
180	weiß/rot

Kennlinie 20.19 Temperatur und Widerstand eines NTC-Widerstandes (Beispiel)

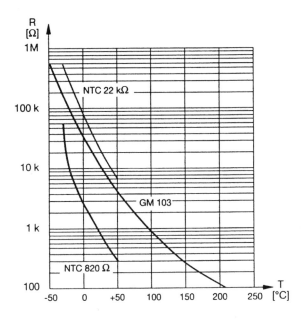
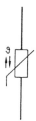

Kennlinie 20.20 Temperatur und Widerstand eines Pt-100 Fühlers

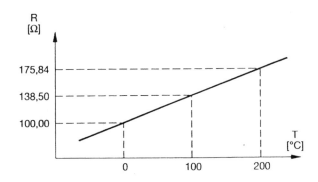

21 Netzformen

21.1 Bedeutung der Buchstaben

Nach DIN VDE 0100-300 (VDE 0100 Teil 300) werden den Buchstaben folgende Bedeutung zugeordnet:

<u>Erster Buchstabe:</u> Beziehung des Versorgungssystems zur Erde (Erdungsverhältnisse zur Stromquelle).

T: Direkte Erdung eines Punktes (Betriebserder).
I: Isolierung aller aktiven Teile von Erde oder ein Punkt über eine Impedanz mit Erde verbinden.

<u>Zweiter Buchstabe:</u> Beziehung der Körper der elektrischen Anlage zur Erde (Erdungsverhältnisse der Körper).

T: Körper sind direkt geerdet, unabhängig von der Erdung der Stromquelle.
N: Körper werden direkt mit dem Betriebserder verbunden.

<u>Weitere Buchstaben:</u> Anordnung des Neutralleiters und des Schutzleiters.

S: Getrennter Neutralleiter und Schutzleiter im gesamten Netz.
C: Neutralleiter und Schutzleiter kombiniert in einem Leiter, dem PEN-Leiter.

21.2 Darstellung der unterschiedlichen Netzformen

Bild 21.1 TN-S-Netz

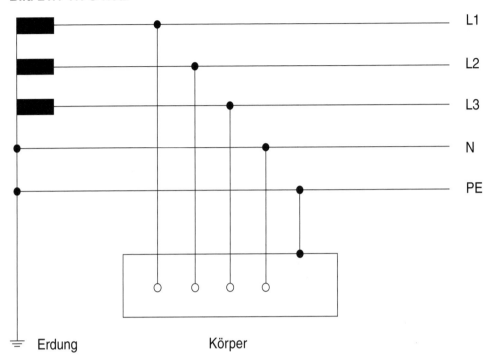

Bild 21.2 TN-C-Netz

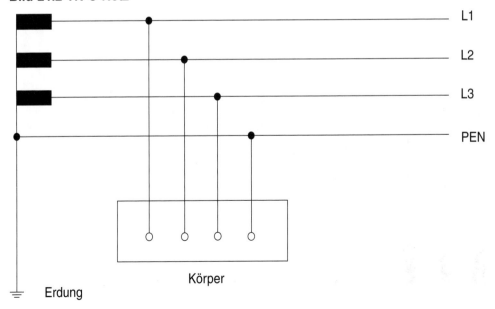

Bild 21.3 TN-C-S-Netz

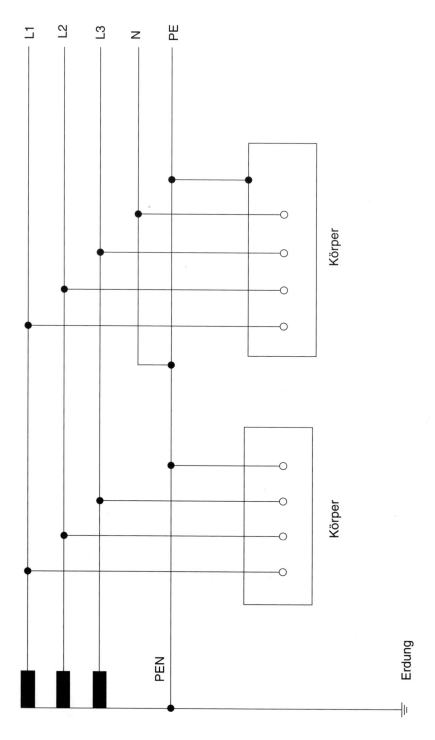

21.2 Darstellung der unterschiedlichen Netzformen

Bild 21.4 TT-Netz

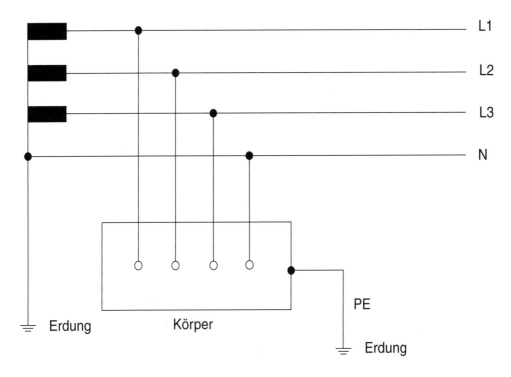

Bild 21.5 IT-Netz

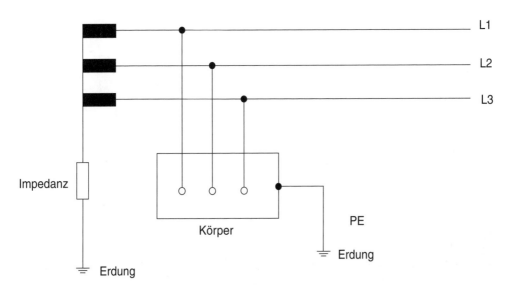

Stichwortverzeichnis für den kältetechnischen Teil

Abflussheizung 54
Abkühlkurve 103
Alterungsfaktor 102
Antifrogen L 113
Antifrogen N 114
Antriebsleistung, isentrop, indiziert, effektiv 24
Äquivalente Rohrlänge 71, 72, 73
Arbeit 4, 8, 19
Atmungswärmestrom 52
Auslegungsparameter 115

Bäckstrom 52
Batteriekapazität 54
Baustofftabelle 32, 33
Beleuchtungswärmestrom 47
Betriebszeit 57
Brauchwassermenge 116, 117

Dampfdruck-Tabellen 111
Dezimale Teile 3
Dezimale Vielfache 3
Dichte 4
Druck 3
Druckdifferenz, Expansionsventil, Magnet-ventil 67, 68
Druckverlust, statisch, geodätisch gesamt 66
ΔT-Zuschläge 50

Einheiten 1, 2
Energie 4
Energiestrom 1, 4
Enthalpiedifferenz 6, 52, 53, 55
Enthalpietabelle 46
Enthitzungswärmeleistung 118, 119
Erster Hauptsatz der Thermodynamik 8
Expansionsventil 67

Fluidgeschwindigkeit 67
Formelzeichen 1, 2

Gabelstapler 54
Gefriergutwärmestrom 51
Geometrische Rohrlänge 80

Geometrisches Fördervolumen V_{geo} 23
Gesamtwärmestrom 56
Geschwindigkeit 6
Gleichgewichtspostulate 9
Graphische Symbole 123
Griechisches Alphabet 2

Immissonsrichtwerte 98
indizierter Wirkungsgrad 22

kältemittelführende Rohrleitungen, Gestaltung 69
Kältemittelmasse 75
Kälteträger 64, 113
Kälteträgermassenstrom 117
Kälteträgervolumenstrom 117
Klimatabelle 34, 35
Kreisprozess, Carnot 17
Kübatron 94
Kühlguttabellen 37
Kühlgutwärmestrom 50
Kühlregisterleistung 97
Kühlregler 97
Kühlstellenregler 94
Kühlturm 63
Kupferrohre 75
k_v-Wert
   Flüssigkeitsleitungen 68
   Heißdampfleitungen 69
   Saugdampfleitungen 69

Legionellenschaltung 121
Leistung 4
Leuchtenanzahl 102
Liefergrad 22
log p,h-Diagramm 104 ff.
Lufteintrittstemperatur 98
Luftwechselrate 46, 47
Luftwechselrate, Bäckström 52

Magnetventil 68
Maschinenraumlüftung 92

Nomogramme R404A, R407C, R134a 81 ff.
Nutzkältegewinn 23

p, V-Diagramm 21
Personenwärmestrom 43
Praktikerformel 97
Praktikertipps 93
Prozess 7
Psychrometer Tafel 101

Raumindex 102
Richtkälteleistungen 97
Richtwerte 95
Rohr: Oberfläche, Gewicht, Inhalt 65
Rohrenthitzer k-Wert 119
Rohrinhalt 75
Rohrnetzberechnung 65

Schalldruckpegeländerung 60
Schalldruckpegeländerung, luftgek.
 Verflüssiger 61
Spezifisches Wärmeangebot des
 Verflüssigers 118
Steigleitungen gesplittet 69, 70, 74
Strahlungskoeffizient 6
System, geschlossenes, offenes,
 abgeschlossenes, adiabates 7

Tabelle für:
 äquivalente Rohrlängen 72 ff.
 α-Werte 48
 Baustoffe 32, 33
 Belegungsmassen 44
 Beleuchtungswärmestrom 47
 Bemessung von Splitleitungen 74
 ΔT-Zuschläge 50
 Enthalpie der Luft 46
 Gefrierpunkte von Lebensmitteln 41
 Geschwindigkeit in Rohrleitungen 67
 klimatische Werte 34, 35
 Kühlgut 37 ff.
 k-Werte 48, 49
 Luftwechselraten 46
 Personenwärmestrom 47
 Rohrinhalte von Flüssigkeitsleitungen 74
 spez. Wärmekapazität von Flüssigkeiten 36
 Thermostateinstellungen 93
 Transporttemperaturen 43
TA-Lärm 98
Tatsächliches Fördervolumen V_{tat} 23
Temperatur 4
Temperaturdifferenz 14, 15, 16
Theken 97

Thermostatanordnung 93
Thermostateinstellung 93
Tiefkühlschränke 97
Tipps 93
Transmissionswärmestrom 50
Türrahmenheizung 54

Übersetzungsverhältnis 25

Verdampferventilatormotorwärmestrom 53
Verflüssiger
 luftgekühlt 58
 wassergekühlt 62
Verflüssigungstemperatur 99
Vergleichsprozess
 praktisch 19
 theoretisch 18
volumetrische Kälteleistung 61

Wand, mehrschichtige 13
Wandabstand 61
Wärmedurchgang 11, 12
Wärmedurchgangskoeffizient 48, 49
Wärmekapazität 5
Wärmeleitkoeffizient 5
Wärmeleitmenge 11
Wärmemenge 4
Wärmerückgewinnung 118 ff.
Wärmestrom 4
 abkühlen, unterkühlen 50, 51
 gesamt 56
Wärmestrom durch
 Arbeitsmaschinen 54
 Gabelstaplerbefahrung 54
 geöffnete Türen 55
 Lufterneuerung 52
Wärmetauscher
 Gegenstrom 15
 Gleichstrom 14
 Kreuzstrom 16
Wärmeübergang 10
Wärmeübergangskoeffizient 48
Wärmeübertragung 6
Wirkungsgrad, indiziert 22

Zustandsgrößen 7
zweistufige Verdichtung 28
Zweiter Hauptsatz der Thermodynamik 8
Zwischendruck pz 29

Stichwortverzeichnis für den elektrotechnischen Teil

Anlauf- und Betriebkondensator *170*
Anlaufstrom *165*
Antrieb, elektrischer *163*
Antriebe *167*
Anzeigegeräte *169*
Arbeit, elektrische *148*
Außendurchmesser, von Leitungen und Kabeln *191*

Bezeichnung
   gummiisolierter Leitungen *190*
   kunststoffisolierter Leitungen *189*
Blindleistung
   induktive *152*
   kapazitive *153*
Blindstromkompensation *158*
Blindwiderstand
   induktiver *152*
   kapazitiver *153*
Brückenschaltung *147*

Dahlandermotor *176*
Dahlanderschaltung *175*
Darstellung normgerechter, elektrischer Betriebsmittel *166*
Drehfelddrehzahl *164*
Drehmoment *165*
Drehstrommotoren, Schaltungen *172*
Dreiphasenwechselstrom (Drehstrom) *160*

Effektivwert *151*
Einschalten, direktes *172*
Einzelstörmeldung
   mit Resetfunktion *180*
   ohne Resetfunktion *179*
Entladevorgang *150*

Farbkennzeichnung von Widerständen *199*
Formelzeichen *144*
Frequenz *151*

Gesamtwirkungsgrad *148*

Kabelverschraubungen *194*
Kapazität von Kondensatoren *149*
Kennbuchstaben *181*
Kennzeichnung von Leitern *192*
Klemmanschluss, für Drehstrom-Motorverdichter *172*
Kompensationskondensator *159*
Kreisfrequenz *151*
Kurzzeichen für Farben *192*

Ladevorgang *150*
Leistung
   elektrische *148*
   mechanische *163*
Leistungsänderung, bei Störungen im Drehstromnetz *162*
Leistungsverlust
   des Drehstrom-Verbrauchers *163*
   eines Gleichstromverbrauchers *151*
   eines Wechselstromverbrauchers *159*
Leitungen *166*
   in Kabellängen *193*
Leitungen und Verbindung *166*
Leitungswiderstand *145*
Leitwert, elektrischer *145*
Linkslauf *170*

Meldegeräte *169*
Motor *169*
   an Dreiphasenwechselstrom *162*
   drehzahlgeregelt *174*
   mit getrennten Wicklungen *174*
Motorbemessungsströme *197*

Nennansprechtemperaturen *202*
Netzformen *204*
   IT-Netz *207*
   TN-C-Netz *205*
   TN-C-S-Netz *206*
   TN-S-Netz *205*
   TT-Netz *207*
NTC-Widerstand *203*

Ohmscher Verbraucher
  in Dreiecksschaltung *161*
  in Sternschaltung *160*
Ohmsches Gesetz *145*

Parallelschaltung
  Induktivität und Ohmscher Widerstand *155*
  Kondensator und Ohmscher Widerstand *157*
  von Kondensatoren *149*
  von Widerständen *147*
Polpaarzahl *164*
PT-100 Fühler *203*
PTC-Anlassvorrichtung *171*
PTC-Thermistor *201*
Pump-down-Schaltung *176*
Pump-out-Schaltung *177*

Rechtslauf *170*
Reihenschaltung
  Induktivität und Ohmscher Widerstand *153*
  Kondensator und Ohmscher Widerstand *156*
  von Kondensatoren *149*
  von Widerständen *146*
Relais
  spannungsabhängig *171*
  stromabhängig *171*

Sammelstörmeldung
  mit Resetfunktion *180*
  ohne Resetfunktion *179*
Schaltgeräte *168*
Schaltglieder *168*
Schlupf *164*

Schlupfdrehzahl *164*
Schutz bei Überlast *194*
Schutzarten
  Berührungs- und Fremdkörperschutz *186*
  Wasserschutz *187*
Schutzmaßnahmen gegen gefährliche Körperströme *198*
Sicherheitskette *179*
Sicherungen *169*
Spannungsfall
  im Drehstromnetz *163*
  im Gleichstromnetz *151*
  im Wechselstromnetz *159*
Stern-Dreieck-Schaltung *172*
Strombelastbarkeit *195*
Stromdichte, elektrische *145*
Stromkreis, elektrischer *145*
Stromstärke, elektrische *145*

Teilwicklungsanlauf *174*
Typenkurzzeichen isolierter Leitungen *188*

Verlustleistung *148*

Warmwiderstand *146*
Wechselstrommotor mit Haupt- und Hilfswicklung *170*
Werkstoffeigenschaften *200*
Widerstandsänderung *146*
Wirkungsgrad, elektrischer *148*

Zählerkonstante *148*
Zeitkonstante *150*